长庆油田勘察设计经典工程技术

胡建国 杨立雷 文红星 薛 岗 等编著

石 油 工 业 出 版 社

内 容 提 要

本书通过拍摄、收集和编辑西安长庆科技工程有限责任公司（长庆勘察设计研究院）40多年发展历程中在油气田建设、建筑、管道、市政工程及国际工程等方面具有代表性的168项经典工程，反映了长庆设计人服务油田的艰辛、辉煌历程，并展示长庆设计人团结拼搏、为油奉献的精神。

本书适合从事油田地面建设的管理人员及技术人员参考阅读。

图书在版编目（CIP）数据

长庆油田勘察设计经典工程技术／胡建国等编著．— 北京：石油工业出版社，2018.12
ISBN 978-7-5183-3065-2

Ⅰ．①长… Ⅱ．①胡… Ⅲ．①油田勘探-设计-工程技术-西安 Ⅳ．①TE1

中国版本图书馆 CIP 数据核字（2018）第 270636 号

出版发行：石油工业出版社
（北京安定门外安华里2区1号　100011）
网　　址：www.petropub.com
编辑部：（010）64523710
图书营销中心：（010）64523633
经　　销：全国新华书店
印　　刷：北京中石油彩色印刷有限责任公司

2018年12月第1版　2018年12月第1次印刷
787×1092毫米　开本：1/16　印张：17
字数：435千字

定价：156.00元
（如发现印装质量问题，我社图书营销中心负责调换）
版权所有，翻印必究

前　言

《长庆油田勘察设计经典工程技术》是按照长庆油田公司党委西部大庆文化同行系统工程实施方案的要求，结合西安长庆科技工程有限公司（原长庆石油勘察设计研究院，后简称公司）40多年的发展，通过拍摄、收集和编辑能够反映长庆地面建设发展历程的代表性的工程，其目的是反映长庆设计人服务油田的艰辛、辉煌的历程；展示长庆设计人团结拼搏、为油奉献的精神；鼓舞广大干部员工继往开来、努力奋斗，再创新辉煌。

本书包含序言、油田工程、气田工程、建筑工程、管道工程、市政工程及国际工程等7个篇章，共收录了168项工程。其中序言由杨立雷编写，油田工程由文红星编写，气田工程由薛岗编写，建筑工程由乔永峰编写，管道工程由宏小龙编写，市政工程由陈竹云编写，国际工程由冯白羽编写。在各篇章的编写过程中，万小红、王荣敏、张巧生、马勇、宫淑毓、邓莎萍等也都积极参与，全书由杨立雷、万小红统稿，胡建国定稿。图集所收录工程主要包含能够反映长庆设计人为油（气）奉献，大胆创新，能够反映油田地面工艺技术发展历程、具有历史意义，代表行业技术发展水平、方向和和代表中石油、中石化、延长油田及国际项目等典型工程。

在本工程技术的编写过程中，长庆油田公司副总工程师李时宣多次给予指导；公司原总工程师张帆、原副总工程师黄焜等老领导、专家提供了很多工程资料；夏政、陈述治、王登海、林罡、何军、苟永平等领导对本书提出了许多宝贵意见和建议；在此一并表示衷心的感谢！

一座座站场，犹如夜空的繁星，点亮了广袤的鄂尔多斯盆地的夜空；一条条管道，犹如盘旋的巨龙，游走在苍茫的黄土高原的脊梁；一本技术图集，镌刻着长庆设计人艰苦奋斗、团结拼搏、为能源奉献的精神！

40多年来，长庆设计人艰苦奋斗、努力拼搏、砥砺前进；40多年来，长庆设计人干事创业、与时俱进、锐意创新；40多年来，长庆设计人牢记使命、见证辉煌、放飞梦想。

在这里，记录着创业时的艰难跋涉；在这里，铭刻着发展时的辛勤耕耘；在这里，书写着成功时的时代篇章。坚定前进的步伐，一步步的求索，幻化成镜头前这永恒的记忆，凝聚在这生动的图画里。

在这里，留下的是我们昨日荣光；看来日，我们会再创明朝的辉煌！

由于编著人员水平有限，尤其是对能够反映长庆油田历史的宝贵工程资料收集的不是很全面，希望日后有机会能够进行完善和补充。图集中不当和错误之处，恳请各位读者批评指正，并多提宝贵意见。

目 录

第一章 序言 ………………………………………………………………………………… (1)
第二章 油田工程 …………………………………………………………………………… (3)
　第一节 概况 ……………………………………………………………………………… (3)
　第二节 马岭油田地面工程 ……………………………………………………………… (5)
　第三节 安塞油田地面工程 ……………………………………………………………… (14)
　第四节 靖安油田地面工程 ……………………………………………………………… (26)
　第五节 西峰油田地面工程 ……………………………………………………………… (38)
　第六节 姬塬油田地面工程 ……………………………………………………………… (56)
　第七节 超低渗透地面工程 ……………………………………………………………… (75)
　第八节 油田管道工程 …………………………………………………………………… (89)
　第九节 储备库工程 ……………………………………………………………………… (95)
　第十节 海安油田地面工程 ……………………………………………………………… (99)
　第十一节 油田标准化设计 ……………………………………………………………… (103)
　第十二节 总结 …………………………………………………………………………… (107)
第三章 气田工程 …………………………………………………………………………… (108)
　第一节 概况 ……………………………………………………………………………… (108)
　第二节 靖边气田地面工程 ……………………………………………………………… (110)
　第三节 榆林气田地面工程 ……………………………………………………………… (128)
　第四节 苏里格气田地面工程 …………………………………………………………… (136)
　第五节 储气库地面工程 ………………………………………………………………… (168)
　第六节 沁水盆地煤层气地面工程 ……………………………………………………… (171)
　第七节 鄂尔多斯盆地东胜气田集中处理站工程 ……………………………………… (178)
　第八节 长庆气田"四化"管理模式 …………………………………………………… (179)
　第九节 总结 ……………………………………………………………………………… (183)
第四章 管道工程 …………………………………………………………………………… (184)
　第一节 概况 ……………………………………………………………………………… (184)
　第二节 输油管道工程 …………………………………………………………………… (184)
　第三节 输气管道工程 …………………………………………………………………… (195)
　第四节 总结 ……………………………………………………………………………… (203)
第五章 建筑工程 …………………………………………………………………………… (204)
　第一节 概况 ……………………………………………………………………………… (204)
　第二节 建设历程 ………………………………………………………………………… (204)
　第三节 生活基地工程 …………………………………………………………………… (206)
　第四节 生产基地 ………………………………………………………………………… (215)

第五节　建筑单体工程 …………………………………………………………… (232)
　　第六节　道路工程 ………………………………………………………………… (239)
　　第七节　标准化设计 ……………………………………………………………… (244)
　　第八节　总结 ……………………………………………………………………… (245)
第六章　市政工程 …………………………………………………………………………… (246)
　　第一节　概况 ……………………………………………………………………… (246)
　　第二节　给排水工程 ……………………………………………………………… (246)
　　第三节　供热工程 ………………………………………………………………… (248)
　　第四节　输配气工程 ……………………………………………………………… (251)
　　第五节　总结 ……………………………………………………………………… (256)
第七章　国际工程 …………………………………………………………………………… (257)
　　第一节　概况 ……………………………………………………………………… (257)
　　第二节　长北气田试生产运行（TPO）升级改造工程 ………………………… (257)
　　第三节　KAM 油田总体开发地面工程 ………………………………………… (259)
　　第四节　苏里格南国际合作区块天然气开发和生产项目 ……………………… (260)
　　第五节　中油阿克纠宾油气股份公司葛北循环注气工程 ……………………… (262)
　　第六节　鄂尔多斯盆地长北区块天然气补充开发项目（长北二期）第一阶段地面工程
　　　　　　………………………………………………………………………………… (264)
　　第七节　总结 ……………………………………………………………………… (266)

第一章 序　言

鄂尔多斯盆地亦称陕甘宁盆地。北起阴山、大青山，南抵秦岭，西至贺兰山、六盘山，东达吕梁山、太行山，总面积 $37×10^4 km^2$，是我国第二大沉积盆地。盆地蕴藏着丰富的能源资源，占全国的 35% 以上。目前鄂尔多斯盆地已经成为国家最重要的能源生产供应基地，北部以沙漠地形为主，南部以黄土高原地形为主。

盆地地处中国东西两个地质构造单元的中间过渡地带，地质构造特征西降东升，东高西低，非常平缓。石油主要分布在盆地中南部，天然气主要分布在盆地中北部，纵向上多油气层复合叠加，形成"上油下气、南油北气"的展布格局。

鄂尔多斯盆地油气藏最典型的地质特性是渗透率低，属于低渗透油气田。长庆油田位于鄂尔多斯盆地，是目前在该盆地内进行石油勘探开发所属 43 个油气田的总称。西安长庆科技工程有限责任公司（长庆石油勘察设计研究院），隶属于中国石油长庆油田分公司，于 1973 年建院，是国家行业甲级勘察设计研究单位。公司以勘察设计为龙头，主要承担油气田地面工程勘察设计、EPC 项目总承包和一体化集成装置研发与制造等业务，具有多项国家甲级资质和较强的技术成果转化及运营能力。

长庆油田开发 40 多年来，西安长庆科技工程有限责任公司（长庆勘察设计研究院）完成了长庆油田地面工程所有地面工程设计，与长庆油田一起发展壮大。公司广大勘察设计科研人员用奋斗和智慧，为长庆油田不同历史时期的开发建设提供了强有力的技术支撑，确保了油田上产 $5000×10^4 t$ 当量及稳产提质增效，为祖国的能源工业做出了卓越贡献。

截至 2017 年 12 月底，油田已累计建产 $5000×10^4 t$，设计建成各类站场 2000 多座，3 座储油库工程年运销能力 $3070×10^4 t$；气田设计建成 $333×10^8 m^3/a$ 地面产能建设工程和 3 座天然气储气库工程，建成 $400×10^8 m^3/a$ 天然气净化能力；参加完成了国家、行业和油田等多项重点管道工程，累计设计油气长输管道约 10600km（其中：输油管道约 4800km，输气管道约 5800km）；设计完成了生产保障、生活基地等 60 多座，累计设计完成了建筑工程总面积超过 $1250×10^4 m^2$；参与了多项民生、市政重点工程，积极地与国际石油巨头公司开展合作与交流，市场从鄂尔多斯盆地延伸至沁水盆地、浙江油田及哈萨克斯坦等。

在油田工程方面，设计建成年生产能力 $2500×10^4 t$，设计建成地面场站 2019 座，其中联合站 105 座，接转站等集输站场 1317 座，供注水站 649 座，各类管线 56498km；建成了靖惠、靖咸、庆咸、马惠等外输主干线，以及靖马、铁西、姬惠、姬白、西马、吴定等油区联络线，形成了区域相济、调运灵活的环状输油管网，油区运销能力合计 $3070×10^4 t/a$；建成了以咸阳、惠安堡、油房庄三大储备库为代表的原油储存系统，总罐容为 $453×10^4 m^3$。围绕低渗透油田开发，形成了独具长庆特色的一整套油田地面工艺技术，研究创立了马岭、安塞、靖安、西峰、超低渗透油藏开发等一系列低渗透油田地面建设模式，成为我国重要油气生产基地。其中"安塞油田 $70×10^4 t/a$ 产能建设地面工程"获国家优秀工程设计金奖，"靖安油田 $120×10^4 t/a$ 产能建设地面工程"获国家优秀工程设计银奖，"西峰油田 $150×10^4 t/a$ 产能建设地面工程"获得国家优质工程金奖。

在气田工程方面，在中国陆上最大的整装气田——长庆气田，已设计建成 $333\times10^4\text{m}^3/\text{a}$ 地面产能建设工程和 $400\times10^4\text{m}^3/\text{a}$ 天然气净化能力；设计建成集气站 299 座，采集气管线 24174km，净化/处理厂 15 座，净化处理能力 $495\times10^4\text{m}^3/\text{a}$，输气干线 11 条 641km；建成 10 条外输管线，连同 2 条西气东输管线，成为中国陆上天然气管网枢纽中心，承担着向北京等 40 多个大中城市安全稳定供气的重任。针对长庆气田"三低"特征，先后创立了靖边、榆林、苏里格等独具长庆特色的气田地面三大工艺模式，实现了低渗透气田有效开发。其中"长庆气田第二天然气净化厂工程"获第十一届国家优质工程设计铜奖，"苏里格第三天然气处理厂工程"获中国建设工程质量最高奖——鲁班奖。

在管道工程方面，参与了西气东输、西部原油成品油管道、中缅油气管道等国家或行业重点工程 20 项，靖—咸、靖—惠、庆—咸、马—惠输油管道等长庆油田主干管道 10 项，累计设计管道 12000km；10 余项管道工程荣获优秀设计奖项，2 项技术在行业中处于领先地位。其中西气东输获得全国优秀工程勘察设计金奖。

在标准化设计方面，在油气田地面工程中围绕"四化"建设模式，积极开展标准化设计，完善了技术标准，健全了管理文件，形成了"2 类 3 层 6 级"系列化的标准化设计文件，构建了完整的标准化设计体系。标准化设计在长庆油气田产能建设中得到了全面推广应用，油气田标准化设计覆盖率 100%，在提高设计质量、缩短设计周期、节约地面投资等方面取得了显著成效。

在一体化集成装置方面，按照中国石油天然气股份有限公司（以下简称股份公司）"三提、两降、一统筹"的要求，在油气田研发形成了五大类 60 余种一体化集成装置，覆盖了油田集输、油气处理、油田供注水和公用工程及电力工程等，多套装置联合应用，可替代常规联合站、注水站等大中型站场。全油田已累计推广应用一体化集成装置 1500 多套，在提高建设速度、节约建设用地、降低工程投资、控制用工总量、降低安全风险等方面发挥了积极作用。

通过积极开展标准化设计和一体化集成装置的研发，对长庆油田"四化"管理模式发展奠定了坚实的基础。在建设层面，以标准化设计、模块化建设为主要手段推动油气田工程建设方式的变革，以市场运作来充分发挥市场配置资源的强大作用；在管理层面，大力推进数字化管理，促进生产组织方式和劳动组织架构的变革，将数字化技术与油气生产管理相融合，油气田近 600 座站场实现无人值守，基本实现了油田管理现代化，实现了苏里格气田和超低渗油藏及致密油气藏的规模效益开发，超低渗油气产量突破 $1000\times10^4\text{t}$，确保了油气产量连创新高，为低渗透油气田的效益开发提供了新的思路。

四十多年来，累计完成油气田产建工程 6000 多项，共获得优秀勘察、设计、咨询、QC 成果及科技进步等各类奖项 1000 余个，局级以上科技进步 315 项；优秀设计、勘察、软件 425 项；优秀节能 34 项；优秀咨询及现代化成果 75 项，优秀 QC 成果 219 项。授权专利 356 件，发明 57 件，计算机软件著作权 22 件、专有技术 15 件、商标 3 例、出版专业技术专著 15 本，发表论文 1000 多篇。先后荣获"全国五一劳动奖状""甘肃省五一劳动奖状""全国建设行业领域科技创新先进企业"，被集团公司评为"建设西部大庆铁人先锋号""工程建设优秀企业""优秀科技创新团队"，连续多年被评为"陕西省高新技术企业""西安市优秀高新技术企业""知识产权优势企业""国家专利试点单位""守合同、重信誉先进单位""勘察设计 5A 级信用企业""中国企业新纪录节能减排双十佳企业"等荣誉称号。

第二章 油田工程

第一节 概 况

一、前言

长庆油田位于鄂尔多斯盆地，是目前在该盆地内进行石油勘探开发所属 43 个油气田的总称。油区主要位于黄土高原，地表沟壑纵横，属湿陷性黄土地区，已开发的油田均为低渗透油田。不利的自然环境及产量保持原来"三高"的低渗透油井，是油田开发面临的现实状况。在油田开发建设的四十多年中，油区的地面建设不仅创出了一系列成功的开发模式，还形成独具特色的技术和思路，在现实的实践中不断总结、不断探索、不断创新，促使地面建设水平不断提高，从而实现油田持续快速发展。

20 世纪 70 年代初，国务院、中央军委决定由兰州军区负责组织石油会战，组建兰州军区陕甘宁石油勘探指挥部（图 2-1），后为了利于保密和工作，将会战指挥机构正式定名为"兰州军区长庆油田会战指挥部"，指挥机关设在甘肃省宁县长庆桥镇。随着勘探队伍不断扩大，组成了拥有 5 万多名职工，66 个地震队、53 台大中型钻机、35 个试油队和相应的科研、后勤等基本配套的石油大军。先后组织并完成了"围歼马岭，扩大华池、发展吴旗、钻探两河（葫芦河、洛河），进军定边、出击姬塬"等勘探任务；探明和控制了马岭、城壕、华池、南梁、吴旗、东红庄等 6 个油田，找到了山庄、刘坪、五蛟、上里原、元城、合道川、黑河、庆阳、姬塬、薛岔、顺宁、八岔台、葫芦河、洛河、澎滩、马栏、庙湾等 17 处工业性油流，认识了侏罗系古地貌河道砂岩油田的分布规律。

图 2-1 长庆油田会战指挥成立大会

20 世纪 70 年代中期，当时的兰州军区长庆油田会战指挥部先后组织红井子油田和马岭油田的产能建设会战。首先从马岭油田中区开发建设起步，1975 年 7 月，开始集中力量进行油田地面工程建设，至1976年6月收尾，建设产能为28.4×10^4t/a，并在城壕油田建设产能2.6×10^4t/a，使陇东油田初具规模。此后开始在宁夏进行红井子油田产能建设会战，完善宁夏地区其他油田区块开发生产配套设施，到1978年6月，形成年产40×10^4t的生产规模。随后又集中力量，于1979年全面开发建设马岭油田，在北区、南区和中区加密井网开发，使马岭油田年产能力达到80×10^4t以上。截至1979年年底，长庆油田已建成9个油田15个试采开发区块，形成了年产原油135×10^4t的规模。

20世纪80年代初，随着油田勘探开发工作的进展，在重点搞好调整稳产的同时，勘探开发工作转向鄂尔多斯盆地东部，先后发现开发了安塞、靖安三叠系大油田。1994年安塞油田经济有效的开发技术，被誉为"安塞模式"，揭开低渗透油田开发的革命。1995年中国最大的整装低渗透靖安油田投入正式开发，油田原油产量上升到200×10^4t，1997年原油产量上升到300×10^4t，1998年原油产量突破400×10^4t，同年，长庆油田总部由甘肃庆阳搬迁到陕西西安，实现战略性转移。

进入21世纪后，长庆油田在陕北浅油层、安塞油田"王窑、侯市、杏河"南及华池午6井区、姬塬斜坡元51井区等四个地区取得重大进展，在吴起—顺宁地区、陕甘古河及庆西古河两岸等三个地区有重要发现。2001年原油产量上升到500×10^4t。2001年西17井钻探成功，发现西峰大油田，石油勘探开发又进入一个新时期。2001年以后相继发现和落实了西峰、姬塬等4个亿吨级规模的油田，2007年原油产量达到1243×10^4t。

2008年10月国务院批准了长庆油田2015年实现油气当量5000×10^4t的发展规划。从2008年开始，长庆油田油气生产当量以每年500×10^4t幅度增长。2008年底油气当量为2500×10^4t，2013年底油气当量突破5000×10^4t，提前2年实现油气当量5000×10^4t的发展规划。现已稳产5年时间，形成了马岭、西峰、靖安、安塞、姬塬、胡尖山、环江、白豹、吴起、镇北、合水、华庆12大油田。

长庆油区地面建设始终以经济效益为中心，贯彻"注重实效、控制投资、整体优化、工艺创新"的指导思想，经过长庆勘察设计人员的不断努力，地面建设工艺技术不断发展、完善，先后创立以马岭、安塞和西峰等低产、低渗透油田为代表的集油工艺，创造低渗透油田地面工程建设模式，形成适合长庆油区特点的高效简化的系列技术，开创了湿陷性黄土地区复杂地貌条件下低渗透油田地面建设的成功范例。

油田地面工程是油田开发三大部分之一，是一项涉及多专业、多系统的综合性工程。而油气集输则是油田地面工程的主体，油田采出水处理、注水、供排水、供电、通信、道路、消防等与油田生产密切相关的各个系统的建设规模、功能配置等要按照油气集输工程的需要而定。

纵观长庆油田地面建设过程，经过了近四十年的发展历程，形成了一套能适应鄂尔多斯盆地油藏特征及自然地理环境特点的理论技术和做法，对全国低渗透油田开发具有借鉴意义。这些技术和做法被中石油称为"模式"，各模式均包括油气集输、注水、采出水处理、系统配套等多项内容。不同时期对长庆油田开发的马岭、安塞、西峰三个油田的地面建设分别命名为"马岭模式""安塞模式""西峰模式"。与此同时，在长庆油田地面建设的发展过程中，在靖安油田、姬塬油田、华庆油田地面建设工艺技术上做出了创新。

在典型建设模式中，"马岭模式"是基础，"安塞模式"是突破，"靖安工艺技术创新"是继承完善，"西峰模式"是创新发展，超低渗透油藏的姬塬油田和华庆油田地面工艺技术则是在"标准化设计、数字化管理"的新形势下的积极创新。

二、油田开发历程

长庆油田在鄂尔多斯盆地开发历程可分为以下五个阶段,如图 2-2 所示。

马岭模式	安塞模式	靖安模式	西峰模式	超低渗透模式
1975—1985年	1986—1995年	1996—2003年	2003年	2008年至今
地面工艺创立时期	地面工艺创新阶段	地面工艺优化阶段	地面工艺突破阶段	跨越发展阶段

图 2-2　长庆油田主要开发历程示意图

1. 地面工艺创立时期

20世纪80年代以前,采用"常规压裂"等技术,使10~50mD的低渗透油藏得到有效动用,初步形成了上百万吨规模的原油年生产能力。

2. 地面工艺创新时期

20世纪90年代初,采用"大规模压裂、井网优化、注水开发"等技术,使1.0~10mD的低渗透油藏基本得到有效动用。

3. 地面工艺优化阶段

20世纪90年代中期,通过安塞特低渗透油田开发和技术攻关实践,采用"丛式钻井、中等规模压裂、温和注水"等技术,使得0.5~1mD的低渗透油田实现了规模有效开发,安塞模式得以在全国石油系统推广,初步形成了具有长庆特色勘探开发低渗透油气藏油气理论、主体技术和建设模式。

4. 地面工艺突破阶段

21世纪以来,伴随着长庆油田快速上产,采用"整体压裂、超前注水"等技术,使得低于1mD以下的数十亿吨低渗透Ⅰ类储量得到有效动用,陆续发现了西峰油田、姬塬油田,形成了油田开发的良性接替系列。

5. 跨越发展阶段

自2008年起,在0.3mD类储层攻关和先导性试验成果基础上,按照"技术集成、开采简化、机制创新、效益开发"的思路,把攻关目标瞄准渗透率低于1mD甚至0.5mD的低渗透油藏,以"整体勘探、整体评价、整体开发"为原则,探索低渗透油藏开发新技术、新机制、新模式。

第二节　马岭油田地面工程

一、马岭油田简介

马岭油田位于甘肃省庆城县、环县、华池县境内。1970年9月26日,庆1井在侏罗系获得工业流量,产油36.3m³/d。1971年3—4月,马岭地区相继又有5口井获得工业油流,5月马岭油田进入试采开发阶段,7月该油田被命名为"马岭油田"。图2-3至图2-12为有关马岭油田的一些历史记录照片。

图 2-3　1970年庆1井自喷情景

图 2-4　庆 1 井近照

图 2-5　马岭油田远景

图 2-6　庆城油田基地远景

图 2-7　办公大楼

图 2-8　设计技术人员合影（1977 年）

图 2-9　现场测量

图 2-10　聚精会神设计

图 2-11　现场论证

图 2-12　热火朝天的建设

马岭油田主要含油层为侏罗系延安组，油层埋藏深度为 1200~1650m，平均渗透率为 75mD。1976 年马岭油田产能建设基本完成，年产油能力超过 $70×10^4$t，1982 年达到 $78.17×10^4$t 的年产油最高峰。

马岭油田的开发拉开了鄂尔多斯盆地大规模石油勘探开发的序幕，形成了独具特色的马岭低渗透油田开发建设模式和特色系列技术。1996 年，马岭油田获得中国石油天然气总公司"高效开发油田"的荣誉称号。

二、马岭油田地面工艺技术

马岭油田首次突破中国当时油田建设一般常用的三管伴热集油流程，最终形成了以"单管不加热密闭集输工艺及投球清蜡、端点加药、管道破乳、大罐溢流沉降脱水"为核心，以"井口—计量站—接转站—集中处理站"三级布站方式的地面建设模式，如图 2-13 所示。工

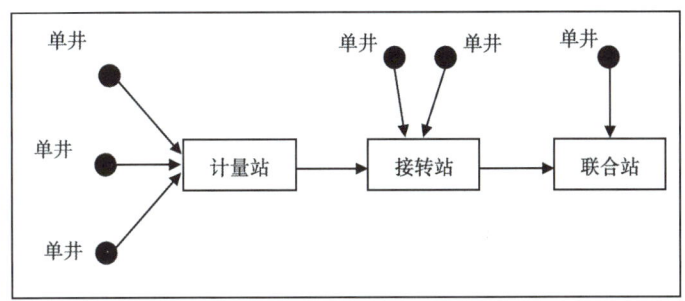
图 2-13　单管不加热密闭集输布站流程

艺技术包括：

(1) 单管不加热密闭输送工艺；
(2) "单井—计量站—接转站—集中处理站"三级布站方式；
(3) 三通旋转阀连续密闭输油技术；
(4) 双容积分离器自动计量技术；
(5) 井口加药、管道破乳、大罐溢流沉降脱水工艺；
(6) 常温压力越站密闭输送技术；
(7) 双干管多井配水工艺；
(8) 35kV、6kV环网供电方式，1.14kV井场供电方式；
(9) 引射气回收油罐烃蒸气工艺技术；浮筒压力调节器回收油罐挥发气工艺技术；原油稳定及轻油回收技术；
(10) 污水处理及回注配套技术；
(11) 水罐密闭除氧、精细过滤、加药杀菌防垢、管线内涂的注水工艺技术。

三、马岭油田地面建设主要工程量

马岭油田累计共建成联合站3座、综合站2座、计量接转站32座、计量站42座、拉油站4座，供水站4座，注水站8座，站间注水管线68.3km，单井注水管线142km；110kV变电站1座，35kV变电站13座，35kV以上输电线路19条288.5km；沥青道路63km，四级砂石干道258.8km；通信线路6条；4座采油基地。图2-14至2-17为有关马岭油田地面建设的照片。

图2-14 采油井场

图2-15 和谐矿区

图2-16 马岭油田油区道路

图2-17 环江跨越

四、典型工程

马岭油田地面工程众多，这里选取 4 项具有代表性的工程：马岭集中处理站、马岭 110kV 变电站、北三注水站和马岭轻烃回收装置分别予以介绍。

1. 马岭集中处理站

投产时间：1975 年。

建设规模：$100×10^4$t/a。

项目简介：马岭集中处理站又名中区集中处理站，于 1975 年建成投产。主要承担马岭中区原油的储存、净化、稳定、外输任务，是长庆勘察设计院（简称公司）设计的第一座原油集中处理站，一直安全平稳运行至今。该站是马岭油田开发的标志性站场，是马岭模式的骨架站场。图 2-18 至图 2-24 为马岭集中处理站远景图及处理站部分设备照片。

图 2-18 马岭集中处理站远景图

图 2-19 $1×10^4$m³ 储油罐

图 2-20 外输泵

主要工艺技术：

（1）该站采用井口加药、管道破乳与站内集中加药相结合、大罐溢流沉降脱水技术；

（2）实现各接转站来含水油的集中脱水。

2. 马岭 110kV 变电站

投产时间：1995 年 5 月。

建设规模：50+25MVA。

图 2-21 外输计量间

图 2-22 卸油箱

图 2-23 过滤器

图 2-24 注水泵

项目简介：该变电站是长庆油田第一座 110kV 变电站，担负着马岭油区的全部供电任务。110kV、35kV 配电装置采用户外低式布置，主控制室、电缆夹层及 10kV 配电室采用户内三层布置方式，变电站保护采用继电保护。图 2-25 至图 2-27 为马岭 110kV 变电站相关照片。

图 2-25 马岭 110kV 变电站大门

图 2-26 马岭 110kV 变电站变压器

图 2-27 马岭 110kV 变电站站外输电线路

3. 北三注水站

建设规模：1000m³/d。

设计压力：16MPa。

项目简介：北三注水站（原木一综合站）是马岭油田北区注水站场，承担马岭油田北区 36 口注水井的高压注水任务。设计采用了多项适用性新技术、新工艺、新设备、新材料，如双干管多井配水工艺、水罐柴油密闭隔氧工艺、注水管线水泥砂浆内衬防腐工艺、注水管线环氧煤沥青外防腐工艺等，技术水平属于国内先进水平，开创了注水开发低渗透油田的先例。

目前该站作为注聚合物驱采油的主要试验站场，对油田后期的三次采油及油田的上产稳产具有十分重大的意义。图 2-28 至图 2-34 为北三注水站全景、分区及部分装置照片。

图 2-28 北三注水站全景

图 2-29 三相分离器、采出水处理罐

图 2-30 储水罐区、注水区

图 2-31 注水泵

图 2-32 加热炉

图 2-33 注聚合物储罐

图 2-34 注聚区

主要设计工程量：
(1) 700m³ 储水罐 3 具；
(2) 4D50-170×2 型多级离心式注水泵 2 台。

主要工艺技术：
(1) 水罐柴油密闭隔氧工艺；
(2) 注水管线水泥砂浆内衬防腐工艺；
(3) 注水管线环氧煤沥青外防腐工艺。

4. 马岭轻烃回收装置

设计时间：1980年1月。

投产时间：1981年10月。

建设规模：$6 \times 10^4 \text{m}^3/\text{d}$。

项目简介：该项目采用压缩浅冷流程，原料气从0.15MPa压缩至1.9MPa，用氨为冷冻介质，采用三甘醇为脱水剂。该项目是我国自行设计的第二套浅冷流程装置，并在原华北油田设计方案上有新的技术突破，被评为石油工业部1984年优秀设计奖。图2-35为马岭轻烃回收装置照片。

图2-35　马岭轻烃回收装置

主要设计工程量：轻烃回收装置1套。

工程主要工艺技术：浅冷流程。

五、小结

马岭油田从1970年开始勘探开发，地面集油工艺发展经过了"单管常温输送工艺"和"单管不加热密闭集油工艺"两个主要阶段，1983年开始进行密闭化研究，经过多年努力，研究出一套密闭输送配套技术，形成了以"单管不加热密闭集输工艺"为代表，其他技术配套完善的地面工程建设技术特点，基本实现了从井口至集中处理站的全密闭输送工艺，密闭程度达到97.6%，原油损耗率降至0.5%，后将马岭油田开发建设过程中的一系列技术综合称为"马岭模式"，成为长庆油田开发后续油田的基础。

第三节 安塞油田地面工程

一、安塞油田简介

安塞油田位于陕西省延安市和榆林市境内,自然地貌属内陆黄土高原,海拔1150～1400m。油区地跨安塞县、志丹县、子长县和靖边县。由坪桥、王窑、侯市、杏河和谭家营五个主力区块组成,是中国陆上开发最早的特低渗透亿吨级整装油田。1984—2005年,累计探明储量$2×10^8$t,石油地质储量$34855×10^4$t。图2-36至图2-46为有关马岭油田的一些历史记录照片。

图2-36 会战庆功大会现场

图2-37 安塞油田原油外输车辆

图2-38 功勋井"塞一井"

图2-39 安塞油田精神象征"好汉坡"

图2-40 安塞油田办公楼

图2-41 安塞油田河庄坪基地

图 2-42　安塞油田开发时期主要设计人员

图 2-43　安塞油田丛式采油井组

图 2-44　黄土高原上的王南作业区

图 2-45　共同研究技术问题

图 2-46　审查设计方案

二、安塞油田地面工艺技术

安塞油田地面建设经历了近三十年的开发建设，形成了成熟的安塞地面工艺技术，如图 2-47 所示。主要工艺技术包括：

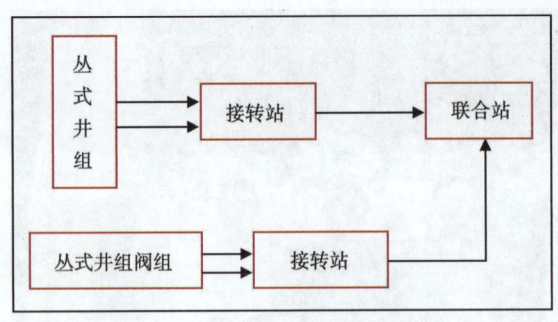

图 2-47 丛式井阀组双管不加热密闭集输布站流程

(1) 井场到站采用多井树枝状串管不加热密闭集输工艺；
(2) 井口—计量站—接转站—集中处理站三级布站；
(3) 多井阀组双管不加热集输流程，其特点是"单、短、简、小、串"；
(4) 单干管、小支线、活动洗井注水工艺流程；
(5) 单管不加热密闭集输工艺流程；
(6) 大罐溢流沉降脱水工艺技术。

三、安塞油田地面建设主要工程量

安塞油田自 1985 年全面开发至 2013 年年底，共建产能 450×10^4t。建成 30×10^4t 以上集中处理站 7 座，计量接转站及其他各类站场 150 座，原油处理能力 $2 \times 10^4 m^3/d$；原油稳定装置 3 套，稳定能力 150×10^4t/a；轻烃回收装置 2 套，能力 $5 \times 10^4 m^3/d$。图 2-48 至图 2-52 为有关安塞油田地面建设的照片。

图 2-48 安塞油田地形地貌

图 2-49 井区生活保障点

图 2-50 安塞油田高一联

图 2-51 安塞油田"郭秀玲站"

图 2-52 安塞油田塞一站

四、典型工程

安塞油田地面工程众多,这里选取 10 项具有具有代表性的工程:王窑集中处理站、王五计量接转站、丛式采油井场、王二注水站、王二供水站、杏河轻烃厂、靖边发电厂—杏河变 110kV 线路、侯市倒班点、王三转—王十九转道路和安塞油田 $70×10^4$ t/a 产建地面工程分别予以介绍。

1. 王窑集中处理站

投产时间:1989 年 12 月。

项目简介:王窑集中处理站位于陕西省延安市安塞县王窑乡境内,1989 年 12 月建成投产,初期设计规模 $30×10^4$ t/a,是安塞油田标志性站场,担负着第一采油厂王窑、王南、侯市、杏河、杏北、杏南、张渠、招安 8 个采油作业区所采原油的集输任务。后经过多次扩建,原油处理能力和外输能力均已达 $200×10^4$ t/a,是安塞油田原油外输的总出口。图 2-53 至图 2-58 为王窑集中处理站航拍照及处理站部分设备照片。

图 2-53 王窑集中处理站航拍照

17

图 2-54　王窑集中处理站大门

图 2-55　厂区轻烃处理区

图 2-56　凝析油罐区

图 2-57　王窑消防中队

图 2-58　王窑集中处理站原油稳定装置及原油处理区

主要设计工程量：$1\times10^4 m^3$ 储油罐 4 具，$5000 m^3$ 储油罐 4 具。原油稳定装置 $50\times10^4 t/a$ 和 $70\times10^4 t/a$ 各 1 套，$2\times10^4 m^3/d$ 轻烃回收装置 1 套，污水处理及回注系统 1 套，消防泵房 1 座，4t 卧式内燃天然气锅炉 3 台，$200\times10^4 t/a$ 净化油外输泵站 1 座。

工程主要工艺技术：该站采用井口加药、管道破乳与站内集中加药相结合、大罐溢流沉降脱水技术，实现各接转站来含水油的集中脱水工艺。

原油计量采用智能采集控制系统，实现数据采集自动化，可对来液进行实时油、水、气三相数据分析。

破乳剂变频投加装置，可根据来液量的变化，自动调节加药量。

储油罐采用雷达液位监测系统,对液位、油水界面等数据实现连续监测,保证系统高效平稳运行,降低员工劳动强度。

原油稳定采用微正压加热精馏工艺,应用了高效加热炉,二级分离脱水,DSC操作系统。

伴生气及轻烃回收采用压缩机增压、导热油循环加热、空冷制冷、低温分离等工艺,应用了数据采集及自动化监控系统。

采出水处理采用粗粒化聚结、斜板混凝除油、杀菌、二级核桃壳粗滤、改性纤维球细滤、压紧式改性纤维球精滤工艺,配套设计清化同方控制系统。

燃气锅炉应用全自动燃烧器,在受热面的喷涂高温红外辐射涂料,提高热效率。

2. 王五计量接转站

投产时间:1990年10月。

建设规模:850m³/d。

项目简介:王五计量接转站属于安塞油田王窑作业区,共管理24口油井,目前产液量72m³/d,并承接王二十计量接转站、王十计量接转站外输来油,外输至王三计量接转站。图2-59至图2-62为王五计量接转站大门及部分装置照片。

图2-59 王五计量接转站大门

图2-60 王五计量接转站站点简介

图2-61 分离缓冲罐

图2-62 双容积自动量油分离器及总机关

主要设计工程量:站内主要设备20m³缓冲罐1具,200m³储油罐1具,φ800mm双容积分离器2具,φ400mm油气分离器1具,HTL0.24-Y/2.5-Q-AⅡ型号加热炉1具,FDYD35-50×5型号离心泵2台。

主要工艺技术:结合安塞油田丛式井双管集输流程,油井计量采用双容积自动计量设备,利用阀组实现不同油井实施单量时,流程手动切换。

从井口到接转站，无论油井单量还是混合液集输实现采出液全密闭集输，最终在集中处理站集中处理。

3. 丛式采油井场

功能简介：安塞油田采用井场为丛式井组，采用多井阀组双管不加热密闭集油流程，井场主要设施有采油井口、注水井口、抽油机、污油回收池、雨水蒸发池、砖围墙等，具有集油、投球清管等功能。安塞油田丛式井场是鄂尔多斯盆地首次诞生，通过试验全面推广。图2-63为安塞油田丛式采油井场照片。

图2-63　安塞油田丛式采油井场

4. 王二注水站

投产时间：1991年10月。
建设规模：3000m^3/d。
设计压力：16MPa。

项目简介：王二注水站是安塞油田王窑区1991年产能建设工程注水系统设计站场，承担着安塞油田王窑区东部100口注水井的高压注水任务。设计采用了多项适用性新技术、新工艺、新设备、新材料，如单干管小支线多井配水工艺、活动洗井车洗井工艺、烧结管精细过滤水处理工艺、胶膜隔氧装置密闭工艺、高效柱塞泵注水技术、注水管线水泥砂浆内衬防腐工艺、注水管线环氧煤沥青外防腐工艺等，技术水平属于国内先进水平。图2-64至图2-67为王二注水站全景、分区及部分装置照片。

图2-64　安塞油田王二注水站

图2-65　王二注水站大门

图2-66　王二注水站注水泵

图2-67　王二注水站储水罐

主要设计工程量：
（1） 500m³ 储水罐 2 具；
（2） 5ZBⅡ-37 型五柱塞注水泵 5 台。

地面设计主要工艺技术：
（1） 单干管小支线多井配水工艺；
（2） 活动洗井车洗井工艺技术；
（3） 烧结管精细过滤水处理工艺；
（4） 高效柱塞泵注水技术；
（5） 水罐胶膜隔氧装置密闭工艺；
（6） 注水管线水泥砂浆内衬防腐工艺；
（7） 注水管线环氧煤沥青外防腐工艺。

节能技术：
（1） 高效柱塞泵注水技术；
（2） 活动洗井车洗井工艺技术；
（3） 三小配水间配水工艺技术。

5. 王二供水站

投产时间：1991 年 6 月。

投产时间：1991 年 11 月。

建设规模：6000m³/d。

项目简介：王二供水站位于陕西省安塞县境内，主要承担王窑集中处理站、王二注水站及王三注水站的供水任务。工程包括王二供水站以及王二供水站到王窑集中处理站、王二注水站及王三注水站输水管道等内容，是安塞油田最大的供水站。通过优化设计，合理配套，在设计中引入节能、环保设计理念，采用多项安全、环保技术，节约了运行成本，实现了不间断安全供水。图 2-68、图 2-69 为王二供水站外景照片。

图 2-68　王二供水站大门

图 2-69　王二供水站内厂房

工程主要工艺技术：
（1） 变频稳压供水技术；
（2） 叠压供水技术。

6. 杏河轻烃厂

建设规模：原油稳定 70×10⁴t/a，伴生气回收 3×10⁴m³/d。

项目简介：杏河轻烃厂位于陕西省志丹县杏河镇，主要是为了安塞油田杏河区原油稳定和伴生气回收。主要功能包括原油稳定、大罐抽气、轻烃回收、罐区及装车销售等。根据生产功能不同，全站平面由原油稳定及大罐抽气区、压缩净化区、罐区、汽车装车区、综合楼等五个区组成。装置采用框架结构设计。图 2-70 至图 2-74 为杏河轻烃厂全景、分区及部分装置照片。

工程主要工艺技术：原油稳定采用负压闪蒸工艺，轻烃回收采用冷油吸收工艺，制冷采用氨制冷，防冻采用分子筛脱水技术。

图 2-70　杏河轻烃厂远眺

图 2-71　杏河轻烃厂回收原油稳定装置

图 2-72　杏河轻烃厂回收装置

图 2-73　杏河轻烃厂回收罐区

图 2-74　杏河轻烃厂回收装置

7. 靖边发电厂—杏河变110kV线路

投产时间：1999年12月。

建设规模：LGJ-240。

项目简介：该线路担负靖边发电厂（2×23.4+12MW）输电任务，电源起点靖边县长庆油田靖边发电厂，终点为安塞县长庆油田杏河110kV变电站。线路导线选用LGJ-240，长度75.091km。全线共计209基杆塔，其中水泥杆塔122基，铁塔122基。本工程荣获长庆石油勘探局2001年度优秀工程设计二等奖。图2-75至图2-78为靖边发电厂—杏河变110kV线路部分建设照片。

图2-75　110kV线路塔架

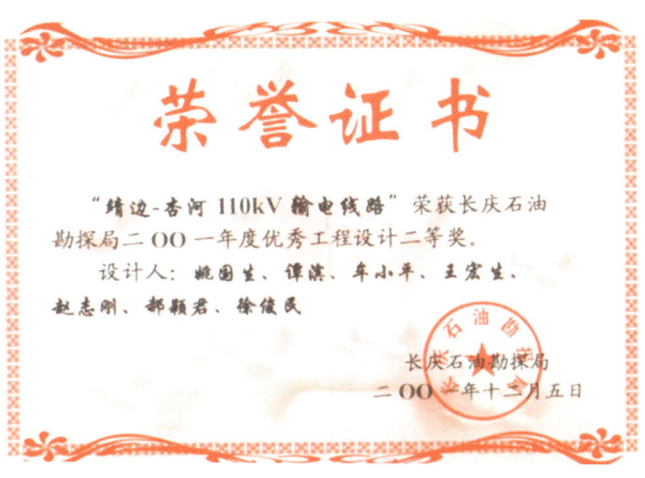

图2-76　优秀设计证书

图2-77　线路架设

图2-78　杆塔起吊

8. 侯市倒班点

投产时间：1992年10月。

设计规模：500人（其中女工占1/3）。

项目简介：侯市倒班点始建于1992年，占地2.98×10^{4}m^2，总建筑面积为14805m^2，主要功能包括住宿、食堂、茶炉浴室以及车库等。1994年侯市倒班点第一次扩建，以适应作业区生产管理的需要，倒班点名称改为侯、杏区块作业区倒班点，实行大倒班工作制，扩建后人员设计规模为500人。建设内容包括办公用房，油水化验工房，采、注、修维修工房，工具、材料工房，职工公寓，少量客房，食堂，停车场，加油站，锅炉房，消防住勤及其他辅助设施。图2-79、图2-80为候市倒班点大门及公寓楼照片。

图2-79　候市倒班点大门

图2-80　候市倒班点公寓楼

9. 王三计量接转站—王十九计量接转站道路

投产时间：2005年。

建设规模：9.5km。

项目简介：全线位于陕西省安塞县境内，沿线连接多个场站，是支撑安塞油田王窑区日常生产运营的重要道路。该工程是安塞油田开发的标志性道路。图2-81为王三计量接转站—王十九计量接转站道路航拍照。

工程主要工艺技术：

（1）路肩硬化技术；

（2）草袋护坡技术。

图2-81　王三计量接转站—王十九计量接转站道路

10. 安塞油田 70×10⁴t/a 产能建设地面工程（1989—1995 年）

设计时间：1985—1993 年。

投产时间：1993 年。

建设规模：70×10⁴t/a。

项目简介：安塞油田是一个典型的低渗透、低压、低产油田，20 世纪 80 年代，国内外尚无开发建设这类油田的先例。设计人员在安塞 70×10⁴t/a 产能建设地面工程设计中，围绕简化工艺流程，进行了多项科研项目的研究和应用，地面工程建设形成了以"丛式井阀组不加热二级布站"集输工艺和"单干管小支线活动洗井注水"工艺为主要内容，以"单、短、简、小、串"为特色的低渗透油田地面配套技术，创造了闻名全国的"安塞模式"，1996 年获得国家优秀设计金奖。图 2-82 至图 2-86 为安塞油田 70×10⁴t/a 产能建设地面工程部分成果照片。

图 2-82 安塞油田 70×10⁴t/a 产能建设地面工程荣获 1996 年"国家第七届优秀工程设计金奖"

图 2-83 员工生活基地　　　　　　图 2-84 杏河区采油井场

主要设计工程量。

（1）油气集输工程：新建原油生产能力 70×10⁴t/a，计量站 17 座，接转站 15 座，集中处理站 1 座，油气集输管道 679.7km；

（2）注水工程：注水站 6 座，配水间 36 座，供水注水管道 265.7km；

（3）供水及消防工程：水源井 52 套，供水站 4 座，消防站 1 座；

图 2-85　王窑区采油井场

图 2-86　安塞油田外输枢纽站

（4）供电工程：35/10kV 变电站 2 座，高低压线路 340.07km，建装机容量为 6000kW 燃气发电站 1 座；

（5）通信工程：8 信道基站 1 座，无线固定台 105 个、车载台 10 个、手机 50 个；程控交换机 276 线、电话单机 158 部；数字式一点多址中心站一座、外围站 11 座、中继站一座；

（6）矿区建设工程：矿区基地 1 座（河庄坪基地），倒班点一座；

（7）道路工程：油区道路 311.36km。

地面设计主要工艺技术：

（1）丛式井阀组不加热密闭集输二级布站技术；

（2）单干管小支线活动洗井注水工艺技术；

（3）端点（井口）加药、管道破乳、大罐低温密闭溢流沉降脱水工艺技术；

（4）主要工艺配套设备研制，包括高效分离缓冲装置系列、高效燃气加热炉、高效立式热水炉。

五、小结

安塞油田在马岭油田"单管不加热密闭集输流程"的基础上，研究应用了"多井阀组双管不加热密闭集油流程"，成功取消了计量站，变三级布站为"井口—选井阀组—计量接转站—集中处理站"的二级半布站，针对丛式井开发方式研究的"丛式井双管不加热密闭集油流程"，进一步取消了选井阀组，实现了"井口—计量接转站—集中处理站"的二级布站方式。注水方面应用了单干管、小支线、活动洗井注水工艺。安塞油田地面工艺技术为鄂尔多斯盆地三叠系油藏开发奠定基础。

第四节　靖安油田地面工程

一、靖安油田简介

靖安油田位于陕西省榆林市靖边县、延安市志丹县境内，东与安塞油田接壤，北与绥靖油田为邻。辖区内为典型的黄土塬地貌，沟壑纵横，梁峁密布，海拔 1400~1700m，相对高差 300m 左右。地处温带干旱大陆性气候，四季分明。冬春季干旱，风沙寒潮多，夏秋季洪涝灾害频繁。图 2-87 为靖安油田典型地形地貌。

图 2-87 靖安油田地形地貌

1993年8月23日，在陕西省靖边县至安塞县之间完钻的天然气探井—陕92井，在侏罗系延9和延长组长6分别获得日产15.0t和17.3t工业油流。之后对靖边以南进行地质录井和综合测井，在23口探井中发现油层和油水层。陕92井是靖安油田盘古梁区发现井，探井ZJ4井完钻是ZJ4区发现井，XP16井是白于山区发现井，DP3井是大路沟区的发现井。

靖安油田为多层系开发，丛式井钻井方式，而且每个丛式井的井数基本在6口井以上。主要产油层为三叠系延长组，其次为侏罗系延安组地层。其中延长组主要含油层为长6、长4+5、长2油层组；延安组主要含油层为延10、延9、延8油层组。从整体上看，靖安油田长2以上浅层油藏的渗透率基本在5~50mD，属低渗透油藏，长6、长4+5油藏的渗透率在5mD以下。平均渗透率仅有1.4mD，属特低渗透油藏。靖安油田先后被中国石油天然气集团公司（以下简称集团公司）、股份公司评为"高效开发新油气田"或"高效开发区块"，成为长庆油田乃至中国低渗透、特低渗透油田高效开发的代表和缩影。靖安油田开发配套技术分别荣获集团公司、股份公司科技创新一等奖；"靖安油田五里湾一区 120×10^4 t/a 产能建设地面工程"分别荣获集团公司"优质工程奖""国家第十届优秀工程设计银奖"。图2-88至图2-91为靖安油田相关照片。

图 2-88 靖安油田星罗棋布的站点

图 2-89 采油井场

图2-90　靖安油田盘古梁区 90×10^4 t/a 产能建设地面工程二〇〇六年度国家优质工程银质奖奖状

图2-91　技术人员合影

二、靖安油田地面工艺技术

靖安油田根据其地质、地理环境的特点，因地制宜，采用多站合一的布站模式，改变传统的"单井—计量站—接转站—联合站"的三级布站模式，配合应用增压技术，形成了以油井直接进接转站（点）流程为主，井组增压为辅、区域增压转油为补充的工艺流程。随后又发展了油气混输技术、伴生气回收利用技术、水煮炉加热技术等。

靖安油田地面工艺技术如下：

（1）集输系统采用不加热二级布站集输工艺；

（2）注水系统采用单管小支线注水技术；

（3）脱水系统采用以大罐溢流沉降为主，三相分离器为辅的脱水工艺；

（4）采出水处理采用水力旋流器除油、核桃壳+纤维球过滤、采出水回灌、回注工艺；

（5）对于小区块采用井组拉油、区块拉油、小站直接配注，实现供水、储水、处理合一、注采合一；

（6）供电采用燃气自发电和外引电结合的方式；通信采用数字微波与无限组网通信结合的方式；

（7）矿区建设采用前线倒班点与生活基地结合的模式；

（8）道路采用干线等级公路与支线无等级相结合的方式等。

经过十几年的开发建设，基本形成具有靖安油田特色的以"优化布站、井组增压、区域转油、油气混输、环网注水"为主要技术，以"井口（增压点）—接转站—联合站"为主要布站方式的靖安油田地面建设工艺技术，如图2-92所示。

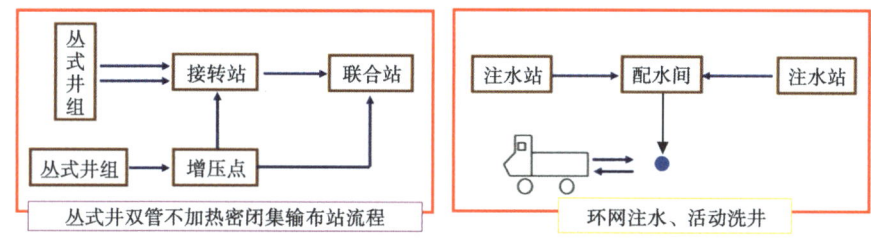

图2-92　靖安油田丛式井双管不加热密闭集输及活动洗井流程

三、靖安油田地面建设主要工程量

靖安油田1996年开始地面建设，截至2013年年底，靖安油田累计共建成联合站6座、集输站3座、计量接转站58座、增压点188座，各类管线378km；注水站37座，注水干管线204.53km，注水支管线841.17km；供水站10座，水源井86口，供水管线119.7km；110kV变电站1座，35kV变电站4座，35kV以上输电线路115.4km；沥青道路340.14km，四级砂石干道223.4km；通信线路6条；2座采油基地。图2-93至2-100为有关靖安油田地面建设的照片。

图2-93　靖安油田风光

图 2-94　靖安油田坨梁作业区倒班基地

图 2-95　靖安油田增压点

图 2-96　靖安油田旗五接转站

图 2-97　旗一供水站

图 2-98　靖安油田首次使用的三相分离器

图 2-99　靖安油田变电站

图 2-100　靖安油田蜿蜒的道路

四、典型工程

靖安油田地面工程建设项目众多,这里选取7项具有具有代表性工程:靖二联合站、南五接转注水站、靖安110kV变电站、杏子河大桥、顺宁倒班点、靖安油田五里湾一区 $120\times10^4 t/a$ 产能建设地面工程和靖安油区电网分别予以介绍。

1. 靖二联合站

设计时间:1997年6月。

投产时间:1997年12月。

建设规模:原油处理能力 $100\times10^4 t/a$。

项目简介:靖二联合站位于陕西省志丹县顺宁乡境内,站场具有来油计量、加热、脱水、加压、外输计量、采出水处理及回注、轻烃回收等功能。站内含水原油采用三相分离器脱水为主,大罐溢流沉降脱水为辅,该站是长庆油田首次设计三相分离器脱水的站场,并一次试验成功,为长庆油田大面积推广应用三相分离器脱水奠定了坚实的基础和经验,是长庆油田密闭脱水的里程碑。该站净化原油初期输至吴起首站,经靖—吴—华—马输油管道外输至曲子末站。随着油田产建规模的增大,该站净化原油输至王窑热泵站,经靖咸输油管道外输至长庆石化。

靖二联合站是靖安油田大规模开发的见证,是长庆油田第一条长输管道的起点站,靖安油田原油通过该站经靖咸输油管道与安塞油田原油汇合后输至长庆石化,开启了长庆原油长距离外输的序幕。图2-101至图2-107为王窑集中处理站远景图及处理站部分设备照片。

图2-101 靖二联合站全景

图2-102 靖二联合站大门

图2-103 靖二联合站加热炉

图 2-104　靖二联合站储油罐

图 2-105　靖二联合站三相分离器

图 2-106　靖二联合站注水泵

图 2-107　靖二联合站注水阀组

主要设计工程量：5000m³ 钢制储油罐 4 具、5000m³ 溢流沉降脱水罐 2 具、200m³ 计量罐 1 具、100m³ 卸油罐 4 具、180m² 来油换热器 2 台、80m² 外输换热器 3 台、三相分离器 1 台（处理能力 1500t/d）、80m³ 分离缓冲装置 2 具、DY160-67×9 输油泵 3 台、YD80-30×5 倒罐泵 2 台、YD100-30×4 装车泵 2 台、YD80-30×5 转油泵 2 台、蒸汽锅炉 4 台。

工程主要工艺技术：首次采用油气水三相分离技术、成熟的大罐沉降技术、微生物污水处理技术。

2. 南五计量接转供水站

投产时间：1997 年 12 月。

建设规模：$10×10^4$ t/a。

项目简介：南五计量接转供水站位于陕西省志丹县顺宁乡境土墩台村，为油气、供水、注水合建站，具有单井来油计量、原油收球、加热、分离、加压、外输计量、供水、注水等功能，是靖安油田典型的多站合一站场。该站采用分离缓冲装置密闭输油，取消 200m³ 事故油罐。图 2-108、图 2-109 为南五转部分装置照片。

主要设计工程量：1000m³ 水罐 2 具、DYK-25-50×4 输油泵 2 台、400kW 加热炉 2 台、63m³ 分离缓冲装置 2 具、25m² 来油换热器 2 台、φ800mm 双容积计量分离器 2 具、电感应加热收球筒 2 具、φ800mm 天然气分离器 1 具等。

工程主要工艺技术：双容积自动量油技术、油气分离密闭输油技术。

3. 靖安 110kV 变电站

投产时间：2002 年 10 月。

图 2-108　南五接转供水站加热炉

图 2-109　南五接转供水站集输区

建设规模：2×25MVA。

项目简介：长庆油田陕北区块在"十五"期间新建年产能 $500×10^4$ t，是原油上产的主力区域。到 2005 年，油区电网负荷将达到 65.3MW，其中杏河 110kV 变电站辖安塞油田及靖安油田靖东供电负荷 33.2MW，靖安油田及长南各区块 32.1MW 由靖安 110kV 变电站供给。电源利用横跨靖北油区的靖边燃气发电厂—杏河 110kV 线路，"Π"接进线，所址位于负荷中心，所址距离杏河 110kV 变电站 34km，距离电源点靖边电厂 53km，基本居中布置，便于充分发挥杏河变及靖边变的作用；通过靖北、靖南 35kV 线路，保证靖安 110kV 变与杏河 110kV 变的电力备用。本项目荣获长庆石油勘探局 2003 年度优秀设计二等奖。图 2-110 为靖安 110kV 变站内装置照片。

图 2-110　靖安 110kV 变电站厂区图

主要工艺技术：

（1）采用 SFZ9 型有载调压电力变压器，在电网电压波动时，能在带负荷运行条件下，自动调整电压，保持输出电压的稳定，从而提高供电质量；

（2）选用 FXT 型 SF6 断路器，加强了密封性，增加人身安全，减少安装时间，简化安装连接，操作安全可靠；

（3）变电站操作电源系统采用智能高频开关免维护铅酸蓄电池，具有技术先进，智能化程序高，安全性好，可靠性高的特点。

4. 杏子河大桥

投产时间：2005 年。

建设规模：50m钢筋混凝土钢拱架桥。

项目简介：杏子河大桥是连接云盘山联合站至132井区的重要节点，在杏子河大桥修建前，主要靠漫水桥通行，每到雨季发洪水，交通经常中断，桥梁冲毁，对生产运行造成极大的损失。本工程的建成极大地方便了云盘山联合站至132井区之间的生产管理。该工程荣获长庆石油勘探局2006年度优秀设计三等奖。该桥目前为长庆油田单跨最大的桥，上部钢架拱由4片拱架组成，拱片间用横系梁连接。下部桥台为重力式桥台，嵌入基岩。图2-111、图2-112为杏子河大桥全景及近景照。

图2-111　杏子河大桥全景　　　　　　　　图2-112　天堑变通途

工程主要工艺技术：

（1）钢架拱桥设计技术；

（2）嵌岩桥台设计技术。

5. 顺宁基地

设计时间：1994年。

投产时间：1995年。

建设规模：食宿1000人。

项目简介：顺宁基地位于陕西省志丹县顺宁镇，总建筑面积46824m²，包括办公楼、公寓楼、食堂、招待所等。主要负责靖安油田及周边区域的前线指挥、员工倒休等任务。图2-113为顺宁基地全景照。

图2-113　顺宁基地全景照

6. 靖安油田五里湾一区 120×10⁴t/a 产能建设地面工程（1995—2003 年）

设计时间：1995—2003 年。

投产时间：2000 年 10 月。

建设规模：120×10⁴t/a。

项目简介：靖安油田五里湾一区自 1996 年开发建设以来，建成 120×10⁴t/a 特低渗透油田，取得了优化布站和井组增压等 16 项技术成果，形成了具有该油田特点的以"优化布站、井组增压、区域转油、环网注水、简易拉油"为主要内容的靖安油田地面工程建设模式，体现了"依托增压点、优化接转站、油水同步建、实现了高、新、快、省、全"的技术特点。2001 年被中国石油股份公司评价为高效开发新油田；地面建设工艺技术获"中国石油股份公司高效、简化地面工艺技术奖"；2002 年获"陕西省优秀工程设计一等奖"，同年获"国家第十届优秀工程设计银奖"。图 2-114 至图 2-119 为靖安油田主要站场照片。

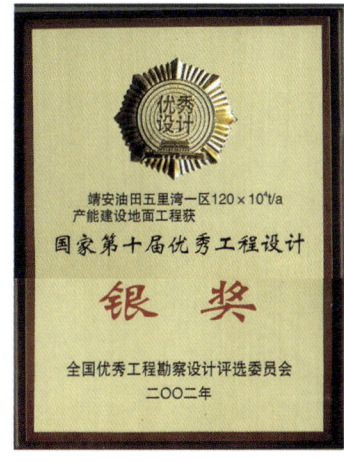

图 2-114　全国优秀工程设计银质奖章

图 2-115　靖安油田靖安作业区、联合站合建

图 2-116　靖安油田首座大型联合站——靖一联合站全景

图 2-117 靖安油田功能最全的联合站及原油南下出口——靖二联合站及靖安输油首站全景

图 2-118 靖安油田靖三联合站与原油北上出口首站合建站远景照

图 2-119 靖安油田南十二计量接转站

主要设计工程量：新建原油生产能力 120×10⁴t/a；联合站 2 座、接转站 11 座、注气试验站 1 座、注水站 3 座、供水站 2 座、35kV 变电站 2 座、数字微波站 1 座、倒班点 2 座等配套工程。

地面设计主要工艺技术：

(1) 优化布站技术；
(2) 井组增压技术；
(3) 区域转油技术；
(4) 油气混输技术；
(5) 树枝状变径管串接集油技术；
(6) 接转站加药、管道破乳、联合站大罐低温溢流沉降脱水工艺；
(7) 环网注水技术；
(8) 复合过滤技术；
(9) 注气开发技术；
(10) 火炕加热、井点简易拉油技术；
(11) 边缘井分区卸油交接计量技术；
(12) 原油加剂降凝输送技术；
(13) 原油外输系统优化技术；
(14) 山区道路优化选线技术；
(15) 区域阴极保护技术。

7. 靖安油区电网

靖安油区电网是以横山 330kV 变电站、统万 330kV 变电站、延安 330kV 变电站为支撑，靖边燃气发电厂自发电为辅的供电格局，形成了以油田靖安、杏河 110kV 变电站 2 座 110kV 为核心，22 座 35kV 变电站为骨架的供电网络。主要负责长庆油田内安塞油田、靖安油田、绥靖油田等单位生产及生活用电。主要所辖区为第一采油厂、第三采油厂、第四采油厂、第八采油厂供电。主要油区供电网情况如下。

1）安塞油田

油区供电主要以油田杏河 110kV 变电站为核心及 10 座 35kV 变电站为骨架的供电网（表 2-1）。

表 2-1 安塞油田供电网参数

名称	电压等级	主变容量（MV·A）	目前负荷（MW）
杏河 110kV 变电站	110/35/10kV	31.5+50	41
靖东 35kV 变电站	35/10kV	5+5	3.9
杏北 35kV 变电站	35/10kV	6.3+5	3.7
侯市 35kV 变电站	35/10kV	5+8	6.6
高沟口 35kV 变电站	35/10kV	5	4.6
沿河湾 35kV 变电站	35/10kV	2.5+2.5	1.6
冯庄 35kV 变电站	35/10kV	5+5	7.3
侯南 35kV 变电站	35/10kV	5+10	6

续表

名称	电压等级	主变容量（MV·A）	目前负荷（MW）
王窑 35kV 变电站	35/10kV	5+5	3.2
坪桥 35kV 变电站	35/10kV	6.3+5	8.5
王南 35kV 变电站	35/10kV	3.15	4

2）绥靖油区

油区供电主要以油田靖安 110kV 变电站为核心及 9 座 35kV 变电站为骨架的供电网（表 2-2）。

表 2-2 绥靖油区供电网参数

名称	电压等级	主变容量（MV·A）	负荷（MW）
靖安 110kV 变电站	110/35/10kV	2×31.5	34
靖北 35kV 变电站	35/10kV	10+8	7.4
靖南 35kV 变电站	35/10kV	2×10	1.2
白于山 35kV 变电站	35/10kV	4+5	3.5
大路沟 35kV 变电站	35/10kV	5+6.3	3.82
云盘山 35kV 变电站	35/10kV	5+6.3	6.5
化子坪 35kV 变电站	35/10kV	4+4	4.8
DP2 35kV 变电站	35/10kV	4	2.2
虎狼峁 35kV 变电站	35/10kV	8+10	6.3
五里湾 35kV 变电站	35/10kV	2×10	7.2

五、小结

靖安油田集油流程延续应用了安塞油田的"丛式井双管不加热密闭集油流程"，针对靖安油田复杂的地形地貌条件，结合整装低渗透油藏、多油藏复合开发等实际，坚持地上服从地下的原则，形成了以"丛式井双管不加热密闭集油流程"为主、"井组增压、区域转油"为补充、"火炕加热简易拉油"相结合、"计量接转集中转输"的靖安模式，靖安油田布站及集油工艺上都做了适当优化简化。在布站优化上，充分利用井口回压，尽量延长集油半径，同时提高计量接转站的转油能力，减少布站数量，降低投资。

第五节 西峰油田地面工程

一、西峰油田简介

西峰油田位于盆地西南部的陇东黄土高原——董志塬之上，是长庆油田继安塞、靖安油田之后发现的第三个探明储量超亿吨的整装大油田。油田开发区域位于甘肃省庆阳市境内，北起庆城县，南到宁县，西至驿马西，东抵固城川，勘探面积约 5000km^2。油区为典型的黄土高原地貌，海拔在 1050~1460m，地形条件相对陕北油区较好。图 2-120 至图 2-124 为西峰油田地面工程相关照片。

图 2-120 "绿色"西峰油田

图 2-121 "色彩"西峰油田

图 2-122 西峰油田开发时期设计人员

图 2-123 西峰油田被誉为中国陆上"新世纪示范油田"

图 2-124 西峰油田绿色井场

二、西峰油田地面工艺技术

按照股份公司把西峰油田建设成"新世纪示范油田"的要求,借鉴安塞、靖安油田开发建设的成功经验,实施地面整体优化及系统优化,推广应用成熟技术、创新发展特色技术、吸收利用实用技术,形成了以"井口功图计量、丛式井单管不加热密闭集油、套管气定压回收、油气混输、原油三相分离、气体综合利用、稳流阀组配水、全面数据采集监控"为主的西峰模式集输工艺;在布站方式上,针对丛式井开发特点,优化布站、优化系统,形成了"井口—增压点—接转站—联合站"以及"井口—增压点—联合站"相结合的布站方式,如图 2-125 所示。

西峰油田的地面工艺技术研究,荣获集团公司科技创新二等奖,以"数字油田、绿色油田、人文油田、和谐油田"为目标的"西峰模式",树立起"中国陆上低渗透油田现代化管理的一面旗帜"。

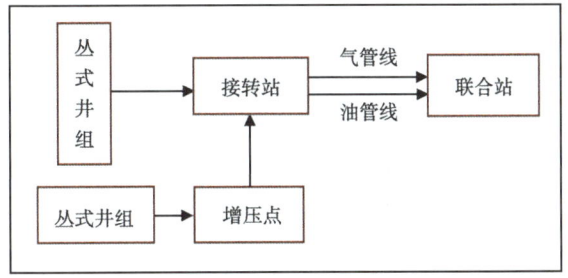

图 2-125 丛式井单管不加热密闭集输布站流程

三、西峰油田地面建设主要工程量

西峰油田于 2001 年开始地面建设。截至 2013 年年底,西峰油田累计共建成联合站 2 座、计量接转站 8 座、增压点 11 座,各类管线 1380km;注水站 8 座,注水干管线 68.3km,注水支管线 73.7km;供水站 1 座,水源井 32 口,供水管线 9.95km;35kV 及 35kV 以下输电线路 295.25km;沥青道路 165.4km,四级砂石干道 108.9km;通信线路 23.1km,SDH 光端机 6 套;4 座采油作业区基地。图 2-126 至图 2-133 是有关西峰油田地面建设的照片。

图 2-126 西二联合站罐区

图 1-127 西一联合站轻烃厂内景

图 2-128 西峰油田开发时钻井场面

图 2-129 西峰油田燃气发电厂

图 2-130　西峰油田外输首站

图 2-131　西峰油田接转站

图 2-132　西峰油田陇东污泥处理厂内景

图 2-133　西峰油区道路

四、典型工程

西峰油田地面工程建设项目众多，这里选取9项具有具有代表性工程：西一联合站、西四接转注水站、西12增压点、董一注水站、周庄35kV户内变电站、标准化井场、西峰倒班点、西峰油田 $150×10^4 t/a$ 产建工程和陇东油区电网分别予以介绍。

1. 西一联合站

投产时间：2004年5月。

建设规模：原油脱水设计规模 $120×10^4 t/a$，气体处理设计规模 $12×10^4 m^3/d$，原油外输设计规模 $500×10^4 t/a$、污水处理和回注设计规模 $1400 m^3/d$。

项目简介：西一联合站位于庆阳市白马乡太乐村境内，是西峰油田的核心站场。主要功能是作为西峰油田白马区原油的集中处理站和西峰原油的外输首站。在2004—2009年进行过多次的扩建，配套完善了轻烃回收、原油稳定、燃气发电、余热回收等系统配套和外输枢纽站建设，是目前长庆油田流程最为完善、功能最为齐全、能耗综合利用水平最高的联合站。图2-134至图2-146为西一联合站全景和部分设备装置照片。

主要设计工程量：西一联合站建有 $5000 m^3$ 钢制拱顶油罐6具（包括2具溢流沉降罐），4000kW导热油炉3台，2台浮头式换热器来油换热器，浮头式换热器外输换热器2台，ZSY105-67.5×5（N=132kW）输油泵3台及其配套的采出水处理设施、消防设施、自控设施等。

图 2-134　西一联合站俯视图

图 2-135　储油罐区

图 2-136　三相分离器

图 2-137　换热器

图 2-138　采出水罐区

图 2-139　注水泵

图 2-140　分水器

图 2-141　轻烃装置总貌

图 2-142　储运单元

图 2-143　原料气压缩机

图 2-144　抽气压缩机

图 2-145　氨制冷压缩机

图 2-146　丙烷制冷橇

工程主要工艺技术：
(1) 油气水三相分离技术；
(2) 换热采用波纹管换热器技术；
(3) 分离缓冲技术；
(4) 采出水处理回注技术；
(5) 轻烃回收技术；
(6) 干气发电技术；
(7) 一体化 PLC 系统监控技术。

2. 西四接转注水站

投产时间：2012 年 9 月。

建设规模：$15×10^4$ t/a。

项目简介：西四接转注水站隶属于长庆油田第二采油厂西 98-47 井区，占地 7140m²。主要功能包括油气分离、原油升温、原油脱水、净化油外输、污水处理及回注等。并考虑该区块后续发展，预留扩建位置，该站与 50 人前线生产保障点合建。该站首次在接转注水站中采用事故油箱及两室分离缓冲罐先进技术，较传统接转注水站，节约用地约 30%，实现了油气密闭输送工艺。图 2-147 至图 2-152 为西四转部分装置照片。

图 2-147 三相分离器及罐区

图 2-148 加热炉

图 2-149 加药装置

图 2-150 过滤间

图 2-151　注水泵

图 2-152　外输泵

主要设计工程量：站内主要设有 30m³ 事故油箱 1 具；14+4 总机关 1 座；40m³ 两室分离缓冲罐 PN0.78MPa 1 具；三相分离器 2 具；智能收球装置 1 具；加药装置 1 套；输油泵 2 台；5m³ 污油箱 1 具；潜没式污油泵 1 台；φ600 伴生气分液器 PN0.78MPa 1 具；空冷器 1 具；水套加热炉 2 台。

工程主要工艺技术：

（1）油气水三相分离技术；

（2）分离缓冲技术；

（3）端点加药技术；

（4）变频输送技术；

（5）油气分输技术。

3. 西 12 增压点

投产时间：2010 年 6 月。

建设规模：240m³/d。

项目简介：西 12 增压点位于白马北区，辖井 36 口，原油外输至西一联合站。本站具有收球、来油加热、加压、油气混输、投产初期液量存储等功能，该站是西峰油田增压点的典型代表。图 2-153 至图 2-156 为西 12 增压点部分装置照片。

图 2-153　总机关

图 2-154　缓冲罐及投产作业箱

图 2-155　加热炉　　　　　　　　图 2-156　外输泵

主要设计工程量：站内建有 180kW 立式加热炉 2 台，单螺杆油气混输泵（$Q=40\text{m}^3/\text{h}$、$p=3.8\text{MPa}$）1 台，单螺杆泵（$Q=11\text{m}^3/\text{h}$、$p=3.8\text{MPa}$）1 台，8m^3 密闭分离装置 1 具。

工程主要工艺技术：

（1）分离缓冲技术；

（2）端点加药技术；

（3）变频输送技术；

（4）油气混输技术。

4. 董一注水站

投产时间：2005 年 10 月。

建设规模：$7000\text{m}^3/\text{d}$。

设计压力：25MPa。

项目简介：董一注水站是西峰油田董志区 2005 年产能建设工程注水系统设计站场，承担着西峰油田董志区 159 口注水井的高压注水任务。设计采用了多项适用性新技术、新工艺、新设备、新材料。图 2-157 至图 2-162 为董一注水站全景及部分装置照片。

图 2-157　董一注水站全景　　　　　　图 2-158　罐区

主要设计工程量：1000m^3 储水罐（清水）2 具，100m^3 储水罐（反冲洗回收水罐）1 具，注水泵 5 台。

图 2-159　过滤间

图 2-160　喂水泵

图 2-161　注水泵

图 2-162　注水阀组

地面设计主要工艺技术：
（1）树枝状单干管稳流阀组配水工艺；
（2）活动洗井车洗井工艺技术；
（3）烧结管精细过滤水处理工艺；
（4）高效柱塞泵注水技术；
（5）水罐胶膜隔氧装置密闭工艺；
（6）注水管线 EP 重防腐涂料内防腐工艺；
（7）注水管线再生橡胶外防腐工艺。

节能技术：
（1）高效柱塞泵注水技术；
（2）活动洗井车洗井工艺技术；
（3）智能型稳流阀组配水技术；
（4）注水泵变频控制技术。

5. 周庄 35kV 户内变电站

投产时间：2005 年 11 月。

建设规模：2×6.3MVA。

项目简介：随着长庆油田的不断发展，油气田产能建设的规模也在不断扩大，作为站场内重要的组成部分，变电站的设计也在随着站场规模以及设计思路的不断更新而不断的改进和优化。周庄 35kV 变电站的设计中首次采用 35kV 及 10kV 装置集中户内多层布置方式，填补了长庆新式户内变电站的空缺。变电站总体规划 35kV 2 进 2 出，本期 35kV 2 进 1 出，预留 1 回位置；10kV 馈线本期 13 回，预留 15 回位置；35kV 及 10kV 配电装置采用户内交流金属封闭开关设备单母线分段结线，主变容量为 2×6.3MVA。本项目荣获长庆石油勘探局 2006 年度优秀设计二等奖。图 2-163 至图 2-165 为周庄 35kV 变全景及部分设备照片。

图 2-163　周庄 35kV 户内变电站远景照

图 2-164　周庄 35kV 户内变站内设备照

图 2-165　周庄 35kV 户内变站优秀设计证书

主要工艺技术：
（1）采用成熟、先进、可靠的全微机电力综合自动化系统；
（2）操作电源系统采用智能高频开关、免维护铅酸蓄电池；
（3）采用混凝土框架结构，建筑平面布置更加灵活，抗震性能更好；
（4）设备荷载大，结构采用次梁有效传递荷载。

6. 标准化井场

功能简介：西峰油田采用井区化管理，井场无人值守，采用丛式井单管不加热密闭集油流程，井场主要设施有采油井口、注水井口、抽油机、污油回收池、雨水蒸发池、栅栏围墙、定压阀等，具有集油、集气、投球清管、功图计量等功能。图2-166为西峰油田标准化井场。

图2-166 西峰油田绿色无人值守井场

7. 西峰倒班点

投产时间：2005年。

建设规模：常驻人员规模1000人。

项目简介：西峰倒班点始建于2005年，是西峰油田为解决前线职工生产、生活，统一规划筹建的一个综合生产后勤服务基地。倒班点总规模1000人，包括：办公楼（11层，建筑面积16059m^2）、专家公寓（建筑面积3200m^2）、双职工公寓（1栋）、单职工公寓（2栋）、食堂（建筑面积1120m^2）、消防站及消防训练塔（建筑面积1756m^2）、经济民警值班室（建筑面积1756m^2）、锅炉房（建筑面积368m^2）等。总建筑面积为28153m^2。图2-167为西峰倒班点全景图。

8. 西峰油田150×10^{4}t/a产建地面工程（2003—2005年）

投产时间：2002年11月—2005年12月。

建设规模：150×10^{4}t/a。

项目简介：西峰油田地面工程建设以"创新、优化、简化、效益"为原则，综合利用资源，提高投资效益。形成了以"丛式井单管不加热密闭集输"为主要流程，以"井口功图计量、井丛单管集油、油气密闭集输、原油三相分离、气体综合利用、稳流阀组配水、系统综合优化"为主要内容，以"井口（增压点）—接转站—联合站"为主要布站方式的"西峰油田地面建设模式"。

图 2-167 西峰倒班点全景图

西峰油田具有储量丰富连片、油层埋藏深、气油比高（79.4~110.7m^3/t）、单井产量低、地质条件差（低孔、低渗透、低压）、地面沟谷纵横等特点，地面建设结合油区自身特点，坚持以提高开发效益为宗旨，以创新思路和技术主导开发建设，借鉴安塞、靖安油田开发建设的成功经验，引入全新设计理念，实施地面整体优化，推广应用成熟技术、创新发展特色技术、吸收利用实用技术。西峰油田 150×10^{4}t 产能建设地面工程荣获"2005 年度集团公司优秀工程设计一等奖""集团公司技术创新二等奖""优秀工程咨询成果二等奖"。图 2-168 至图 2-172 为西峰油田 150×10^{4}t/a 产建工程相关照片。

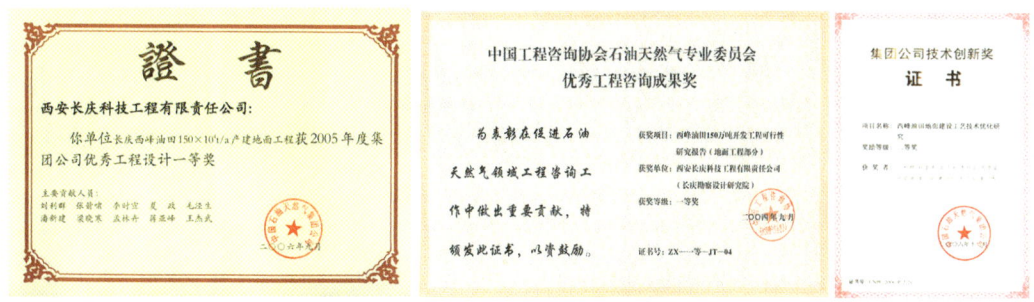

图 2-168 西峰油田地面设计工程获奖证书

图 2-169 西峰油田西二联合站远景照（长庆油田目前最大站场）

图 2-170 三相分离器钢铁之躯

主要设计工程量：西峰油田主力油区为白马区、白马南区和董志区，截至 2005 年年底，已累计建成产能 150×10^4 t/a，部署采油井 840 口、注水井 297 口，建成 100×10^4 t/a 规模联合站 2 座、接转站 8 座、注水站 4 座、供水站 1 座、35kV 变电站 2 座、倒班点 1 座及配套的线路工程、辅助工程等，油气集输、注水、供水、供电、通信及道路等各系统的骨架。

图 2-171　轻烃装置总貌

图 2-172　陇东生产指挥中心

地面设计主要工艺技术和创新点：

(1) 井口示功图计量技术；

(2) 井丛单管集油技术；

(3) 油气密闭集输工艺：①套管气定压回收工艺；②增压点密闭混输工艺；③接转站伴生气分输工艺；

(4) 油气水三相分离工艺；

(5) 气体综合利用技术；

(6) 稳流配水技术；

(7) 系统综合优化；

(8) 采出水处理技术；

(9) 自动控制技术；

(10) 数字光纤与无线接入通信技术；

(11) 先进实用的变配电技术；

(12) 新设备、新材料的试验和推广应用：①新技术：原油加剂降凝输送工艺、高湿陷性场地储罐基础处理技术等；②新材料：ABS工程塑料管、双金属复合管、新型压型钢板屋面、防火型聚苯乙烯板、氟碳防腐涂料等；③新设备：导热油炉、变径清管器、螺旋板卷板换热器、QPQ盐浴防腐阀门、交流变频调节器、自动电容器无功补偿装置、程控钠离子交换器等。

9. 陇东油区电网

陇东油区供电电源依托国家电网甘肃西峰330kV变电所及木钵330kV变电站。形成了以油田马岭、华池、环江、王昌寺、兰塬子5座110kV变电站为核心，36座35kV变电站为骨架的供电网络。主要所辖区为第二采油厂、第七采油厂环江油田、第十采油厂、第十一采油厂、第十二采油厂供电。主要油区供电网情况如下。

(1) 环江油区。

该区为第七采油厂开发范围。环江油区供电主要以油田环江110kV变电站为核心及5座35kV变电站为骨架的供电网（表2-3）。

表2-3 环江油区供电网

名称	电压等级	主变容量（MV·A）	负荷（MW）
环江变电站10kV侧	110/35/10kV	20+31.5	5.7
四合塬35kV变电站	35/10kV	2×5	7.2
郝阳35kV变电站	35/10kV	2×5	5.5
秦团庄35kV线路变压器组	35/10kV	3.15	2.4
河连湾35kV变电站	35/10kV	2×5	1.1
李家塬35kV变电站	35/10kV	5+8	2.2

(2) 华庆油区。

该区为第二采油厂和第十采油厂开发范围。供电主要以油田华池110kV变电站为核心及8座35kV变电站为骨架的供电网（表2-4）。

表 2-4 华庆电区供电网

名称	电压等级	主变容量（MV·A）	负荷（MW）
华池 110kV 变电站	110/35/10kV	2×31.5	22
乔河 35kV 变电站	35/10kV	1×4	1.9
育子沟 35kV 变电站	35/10kV	2×5	2.5
南梁 35kV 变电站	35/10kV	2×4	2.1
梁西 35kV 变电站	35/10kV	2×2	1.0
西沟 35kV 变电站	35/10kV	2×5	4.3
悦乐 35kV 变电站	35/10kV	2+3.15	2.6
悦 22 区变电站	35/10kV	4+3.15	2.3
丰阳 35kV 变电站	35/10kV	2×5	4

（3）镇北油区。

该区为第十一采油厂开发范围。供电主要以油田兰塬子 110kV 变电站为核心及 3 座 35kV 变电站为骨架的供电网（表 2-5）。

表 2-5 镇北油区供电网

名称	电压等级	主变容量（MV·A）	负荷（MW）
兰塬子 110kV 变电站	110/35/10kV	2×20	18.8
巴山 35kV 变电站	35/10kV	5+8	5.1
庙山 35kV 变电站	35/10kV	2×8	6.3
黄家坪 35kV 变电站	35/10kV	2×5	3.3

（4）合水油区。

该区为第十二采油厂开发范围。供电主要以油田王昌寺 110kV 变电站为核心及 5 座 35kV 变电站为骨架的供电网（表 2-6）。

表 2-6 合水油区供电网

名称	电压等级	主变容量（MV·A）	负荷（MW）
王昌寺 110kV 变电站	110/35/10kV	20	13.8
柳沟 35kV 变电站	35/10kV	2×5	0
北湾 35kV 变电站	35/10kV	2×8	4.2
贺家源一体化变电站	35/10kV	4	2.5
宁 53 一体化变电站	35/10kV	4	在建
庄 288 一体化变电站	35/10kV	4	在建

（5）马岭油区。

该区为第二采油厂开发范围。供电主要以油田马岭 110kV 变电站为核心及 10 座 35kV 变电站为骨架的供电网（表 2-7）。

表 2-7 马岭油区供电网

名称	电压等级	主变容量（MV·A）	负荷（MW）
马岭 110kV 变电站	110/35/10kV	25+20	22
贺旗 35kV 变电站	35/6kV	4+5	2.5
北一 35kV 变电站	35/6kV	2×2.5	1.02
环北 35kV 变电站	35/6kV	6.3+8	5.9
薛家塬 35kV 变电站	35/10kV	2×5	3.34
阜城 35kV 变电站	35/6kV	2×2.5	1.6
里 148 一体化 35kV 变电站	35/10kV	3.15	1.5
朱家塬线路变压器组	35/10kV	3.15	1.3
上里塬一体化 35kV 变电站	35/10kV	3.15	1.0
张家湾一体化 35kV 变电站	35/10kV	4	1.6
岭 510 一体化 35kV 变电站	35/10kV	3.15	1.4

（6）西峰油区。

该区为第二采油厂开发范围。供电主要以依托国家电网彭塬 110kV 变电站，油田 3 座 35kV 变电站和农用电网为骨架的供电网（表 2-8）。

表 2-8 西峰油区供电网

名称	电压等级	主变容量（MV·A）	负荷（MW）
马集 35kV 变电站	110/35/10kV	4+5	22
周庄 35kV 变电站	35/6kV	2×6.3	4.3
太乐 35kV 变电站	35/6kV	8+10	8.2

五、小结

西峰油田集油工艺最主要得特点是使油井计量方式改"单井进站集中计量"为"井口分散计量"，进而使集油流程进一步简化，通过采用"功图法井口计量技术"实现了丛式井场每口油井直接在井口进行产量计量，取消了至站场的单井计量管道，将"丛式井双管不加热密闭集油流程"改为"丛式井单管不加热密闭集油流程"。同时针对伴生气回收利用、原油脱水等集油流程中的各个环节，全面推广计算机应用技术，使油田生产基本实现从井口到联合站的全过程自动监控，提高了自动化水平，实现了油气集输全过程密闭及生产过程的数字化管理。

第六节 姬塬油田地面工程

一、姬塬油田简介

姬塬油田位于陕西定边县、吴起县，宁夏盐池县境内，是鄂尔多斯盆地中生界多油层发育区之一，目前已发现三叠系延长组长 1、长 2、长 3、长 4、长 5、长 6、长 8 和侏罗系延安组延6、延8、延9、延10等多套含油层,主力油层为延长组长4+5、长2及延安组延9、延10,均为三角洲岩性油藏;侏罗系延安组主要为古地貌控制的构造—岩性油藏,是典型的多油层开发超低渗透油藏。图2-173至图2-177为姬塬油田地面工程相关照片。

图2-173 姬塬油田开发初期钻机林立的场面

图2-174 姬塬油田地貌

图2-175 姬塬油田前线生产指挥部

图2-176 接转站与生产保障点合建

图2-177 采油井组

二、姬塬油田地面工艺技术

结合姬塬油田地形复杂、区块分散、多油层复合滚动开发等实际情况，以整体经济效益为中心，近、远期相结合，"积极推广成熟技术、创新发展特色技术、吸收利用实用技术、建设新型地面模式"，力争取得合理的经济效益和社会效益。通过几年的快速开发建设，地面工程建设已形成了以下八项特色技术。

（1）实行了标准化设计、模块化建设。实现了"设计标准化、设备定型化、工艺模块化、施工组装化"，加快了施工进度和提高了工程质量、降低了安全风险和建设成本。

（2）采用了先进的数字化管理技术。及时掌握生产整体状况，降低了劳动强度，提高了工作效率。

（3）采用了优化布站技术，减少了接转站数量，最大限度地实现油田地面系统的最优化布局。

（4）采用双流程建站、分层处理、混合输送技术，解决了多套层系开发采出水不配伍造成场站建设过多的难题。

（5）采用采出水分层处理、分层回注技术，实现了采用一套流程回注两层不配伍采出水，达到了采出水对应层位回注率100%。

（6）采用油气密闭集输、伴生气综合利用技术，改变了传统的油气集输工艺，实现了油气集输工艺技术进步。

（7）采用群式井组开发技术，提高土地资源利用率。

（8）采用超前注水技术，初期产能与常规注水相比提高了30%~40%。

图2-178至图2-187为姬塬油田地面工艺技术相关照片。

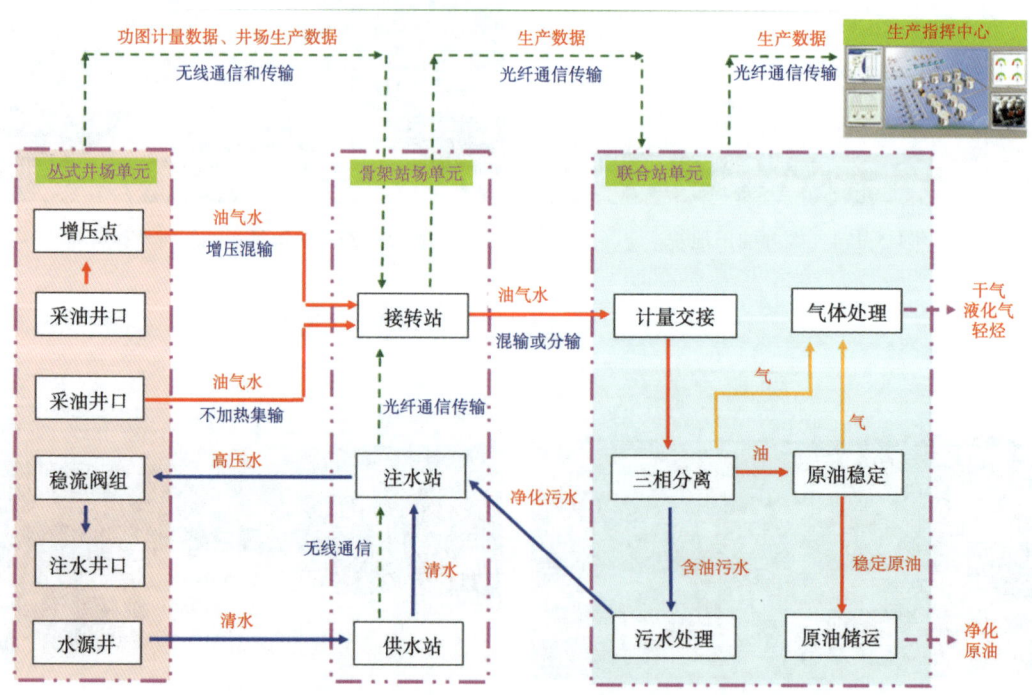

图2-178　姬塬油田地面工艺技术示意图

图 2-179 姬塬油田开发时技术人员合影

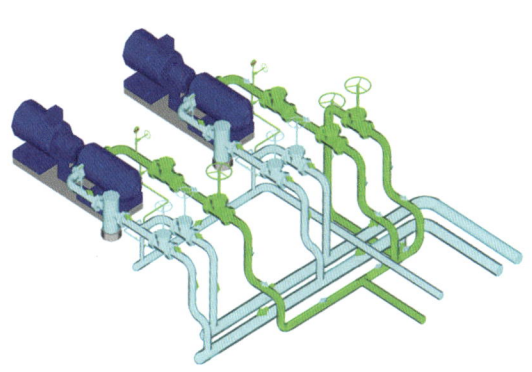

图 2-180 输油泵三维模型

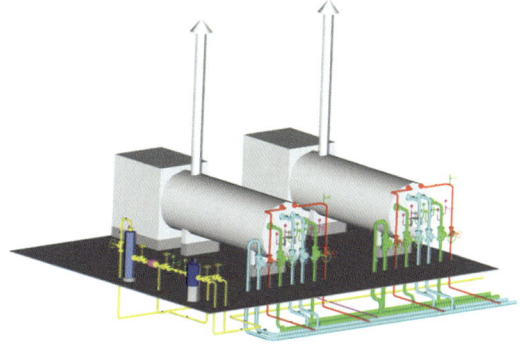

图 2-181 加热炉三维模型

图 2-182 前线工作员工

图 2-183 采油井与风力发电

图 2-184 井场增压点

图 2-185 雨后清新脱水站

图 2-186 胡尖山油田绿色场站

图 2-187 蜿蜒的油区道路

三、姬塬油田主要工程量

姬塬油田于 2002 年开始地面建设。截至 2013 年年底，姬塬油田累计共建成联合站 11 座、计量接转站 32 座、增压点 71 座；注水站 9 座；供水站 2 座，水源井 32 口，供水管线 18.95km；35kV 变电站 2 座，35kV 及 35kV 以下输电线路 395.25km；沥青道路 165.4km，四级砂石干道 108.9km；通信线路 23.1km，SDH 光端机 6 套；6 座采油作业区基地。图 2-188 至图 2-195 是有关姬塬油田地面建设的照片。

图 2-188 标准化井场

图 2-189 姬塬油田第一联合站

图 2-190　姬塬油田井区道路

图 2-191　姬一联合站轻烃厂

图 2-192　姬塬输油站

图 2-193　马家山脱水站

图 2-194　姬塬油田第二联合站

图 2-195　姬塬外输总站

四、典型工程

姬塬油田地面工程建设项目众多，这里选取 11 项具有具有代表性工程：姬五联合站、学一联合站、姬二接转站、胡 22 增压点、姬塬 110kV 数字化变电站、张梁变电站—姬塬变电站 110kV 线路、群式井组、冯地坑倒班点、十字河大桥、姬塬油田 300×10⁴t/a 产建工程和宁定吴电网分别予以介绍。

1. 姬五联合站

投产时间：2006 年 10 月。

建设规模：该站总体设计规模为 50×10⁴t/a，长 6、长 8 双流程设置，原油稳定设计规模 50×10⁴t/a，轻烃回收规模 3×10⁴m³/d，采出水处理规模 2000m³/d（长 6、长 8），清水处理规模 2500m³/d，注水系统规模 2500m³/d，为清、污水分注流程。

项目简介：姬五联合站是姬塬油田黄 3—黄 32 井区的中心骨架站场。该站主要功能包括来油计量、油气分离、原油脱水、储存、原油稳定、轻烃回收、原油外输、采出水处理及回注等。原油脱水后净化油输至姬塬外输总站。该站是姬塬油田特低渗透油藏综合利用示范基地的窗口，是标准化设计、模块化建设、数字化管理技术、双流程建站、分层处理等特点为一体的典型站场。获得集团公司优秀设计三等奖。图 2-196 至图 2-201 为姬五联合站全景及站内设备照片。

图 2-196　姬五联合站全景

图 2-197　三相分离器（双层系）

图 2-198　净化油罐区

图 2-199　采出水处理区（双层系）

图 2-200　姬五联合站油气工房　　　　　　图 2-201　姬五联合站输油泵房

主要设计工程量：站场设计整体采用"标准化工艺流程""模块化设备组合"及"三维软件设计手段"相结合的设计思路。

工程主要工艺技术：

(1) 混合输送技术；

(2) 双层系油气处理技术；

(3) 数字化管理技术。

2. 学一联合站

投产时间：2006.10。

设计规模：$50 \times 10^4 t/a$。

项目简介：学一联合站是长庆油田第一个针对多层系开发而建设的地面集输站场，地面原油集输工艺流程按层系分开考虑。该站采用"双流程"，分别处理长2和长4+5层含水原油，两套处理系统完全独立，公用设施共用，有效地解决了多层系开发带来的地面集输问题。同时这种地面集输模式减少了集输站点和管理点，使投资进一步得到有效控制，确保了开发效益。该站是姬塬油田樊学区块原油集输的枢纽，获得"陕西省优秀设计一等奖"。图 2-202 至图 2-207 为学一联合站全景和部分设备装置照片。

图 2-202　学一联合站全景图

图 2-203 储罐区

图 2-204 三相分离器

图 2-205 相变加热炉

图 2-206 计量间

图 2-207 学一联合站优秀设计证书

主要设计工程量：站内 2 套层系的处理系统功能完全分开，各系统内 2 套层系合建。主要设计包括装卸油区、油气集输区、办公区、供热区、1000m^3 油罐区、污水处理及回注区、3000m^3 油罐区和消防区。

设计主要包括以下工艺技术。

（1）含水油分层集输、分层处理工艺。

(2) 油田采出水处理技术：①采用了非均相流初分原理；②引入水净化物理破乳方法；③引入错位过滤自清洗过滤技术；④安装了灵敏度界位和液位检测系统。

(3) 三相分离脱水工艺。

(4) 密闭卸油技术。

(5) 清污分注双流程。

(6) 污水分注工艺技术。

(7) 选用性能优异、安全方便的配电设备。

(8) 自动电容器无功补偿技术。

(9) 绿色照明。

(10) 自控技术。

(11) 光纤通信技术。

(12) 工业电视监控系统。

(13) 环保技术。

(14) 消防工艺技术。

3. 姬二接转站

投产时间：2005年11月。

建设规模：$10×10^4$t/a。

项目简介：姬二接转站位于陕西省定边县姬塬镇管峁村，站内主要功能有来油加热、分离、计量后输至姬一联合站，该站是姬塬油田接转站的典型代表，具有较高自动化水平。图2-208为姬二接转站全景照片。

图2-208 姬二接转站全景图

主要设计工程量：站内主要设200m³钢制拱顶储罐1具，20m³分离缓冲罐，FDYD20-50×4输油泵2台，315kW真空加热炉2台，ϕ800气液分离器1具，加药装置1套等。

工程主要工艺技术：

(1) 分离缓冲输油技术；

（2）端点加药技术；

（3）油气分离技术。

4. 胡 22 增压点

投产时间：2012 年 9 月。

建设规模：240m³/d。

项目简介：胡 22 增压点隶属于长庆油田公司第六采油厂武茹子乡，占地面积约 567m²，是公司首次采用电加热增压一体化集成装置设计的增压点。图 2-209 和图 2-210 为胡 22 增全景照及主要设备增压撬照片。

主要设计工程量：该站应用 CTEC-OG-BE-240/40 型油气电加热增压一体化集成装置 1 套、集油收球加药一体化集成装置 1 套、30m³ 事故油箱 1 具、电控集成橇 1 座。

图 2-209　胡 22 增压点全景图

图 2-210　电加热增压一体化集成装置

5. 姬塬 110kV 数字化变电站

投产时间：2009 年 12 月。

建设规模：50+63MVA。

项目简介：姬塬 110kV 变电站建于姬塬油区腹地，主变容量 63+50MVA，平均供电负荷 72.154MW，年供电量 $4.74×10^8$ kW·h，是长庆油田第一座数字化智能变电站，达到了控制功能自动化、参数显示电子化、监控操作屏幕化的运行水平。本项目荣获中国石油 2013 年度优秀设计奖二等奖。图 2-211 至图 2-215 为姬塬 110kV 数字化变电站全景照片及站内设备照片。

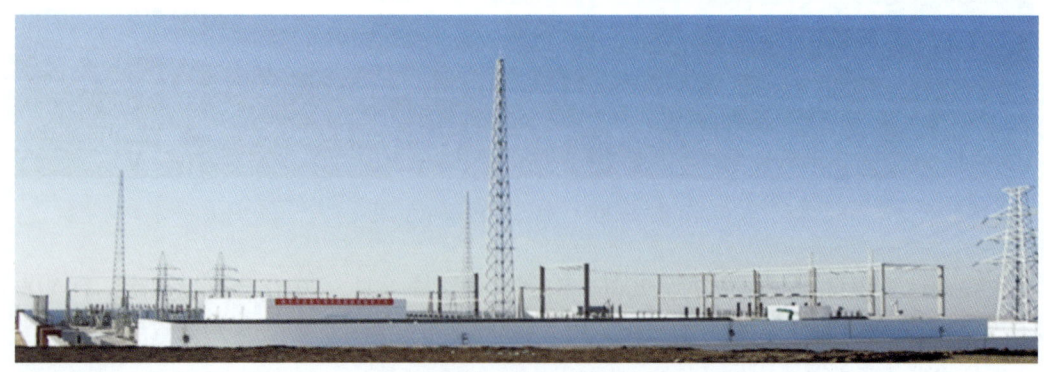

图 2-211　姬塬 110kV 数字化变电站全景图

图 2-212　110kV 开关场

图 2-213　变电站近景

图 2-214　日常监视

图 2-215　标准安装

主要设计工程量：主变压器容量 50+63MVA，电压等级为 110/35/10kV；110/35/10kV 系统接线方式采用单母线分段，35kV 带旁母，110/35kV 设备采用户外半高式布置方式，10kV 设备采用户内布置，配套相应的供水、水处理、通信、土建等系统。电网实现调度自动化，对电网安全运行状态实时监控，对电网运行实现经济调度，对电网运行实现安全分析和事故处理。

主要工艺技术：

(1) 数字化变电站实现了"电子训站，远程控制，报表上传，中心值守"的新型运行、管理模式。

(2) 采用"四级电网补偿系统"，每年可节约电能约 0.192×10^8 kVr·h，折合 2359.7t 标准煤。

(3) 构成"三级电压网络"，整个油区形成以 110kV 变电站为中心，35kV 变电站为枢纽，10kV 线路为送电末端的送变电模式。

(4) 配电设备实现五防保护，防止误分、合断路器；防止带负荷分、合隔离开关；防止带电挂（合）接地线；防止带接地线合断路器；防止误入带电间隔。

(5) 电力网络"油区内自成环"，满足姬塬油田 2009—2015 年平均每年新增 110×10^4 t/a 产能建设的供电需求。

6. 张梁变—姬塬变 110kV 线路

投产时间：2011 年 11 月。

建设规模：LGJ-240km。

项目简介：该线路担负着姬塬油区 404.8×10^4 t/a 产能的输电任务，电源经陕西省榆林地电引自宁夏回族自治区宁东电网盐洲 330kV 变电站，线路导线选用 LGJ-240，长度 50.3km，利用光纤地线实现了变电站之间的各项数据传输，实现了线路的电子巡线，是长庆油田第一条数字化 110kV 线路。全线共计 226 基杆塔，跨越中—太—银电气铁路两次，跨越青—银高速一次。本项目荣获中国石油 2013 年度优秀设计二等奖。图 2-216 为张梁变—姬塬变 110kV 线路照片。

图 2-216　张梁变—姬塬变 110kV 线路

主要工艺技术：

（1）采用复合光纤架空地线（OPGW），将光纤和架空地线结合于一体，这种结构形式兼具地线与通信双重功能，在变电站与变电站之间实现数据传输功能。

（2）利用线路网络在线路重要跨越段和特殊耐张段安装视屏监控系统，实现电子巡线，提高线路安全等级，减轻日常巡护强度。

（3）优化线路设计，降低工程投资，缩短建设周期。

7. 群式井组

姬塬油田是多油层叠合区，为提高土地资源利用率，不同层系的井组在同一井场优化组合形成群式井组开发。井组平均井数在 12 口以上，最大的井场井数达到了 23 口。与常规井组相比，单口井节约土地约 300m^2。图 2-217、图 2-218 为群式井组相关照片。

图 2-217　耿 114 群式井组

图 2-218　台阶式群式井组

功能简介：姬塬油田采用丛式井单管不加热密闭集油流程，按层集油。井场主要设施有采油井口、注水井口、抽油机、污油回收池、雨水蒸发池、栅栏围墙、定压阀等，具有集油、集气、投球清管和功图计量等功能。

8. 冯地坑倒班点

投产时间：2004年。

建设规模：食宿规模1750人。

项目简介：冯地坑倒班点2004年开始建设，驻倒班点单位有采油五厂产能建设项目组、麻黄山采油作业区、冯地坑采油作业区、经济民警中队、维修抢险大队、油气集输大队、前线指挥部、事务管理站、小车队、卫生所等10个前线单位。占地约 $12.74 \times 10^4 m^2$，总建筑面积 $4.79 \times 10^4 m^2$，常驻人员1750人，是采油五厂前线基层单位工作、生活的主要依托基地。主要负责马家山及周边区域的前线指挥、员工倒休等任务。图2-219至图2-221为冯地坑倒班点规划及内景照。

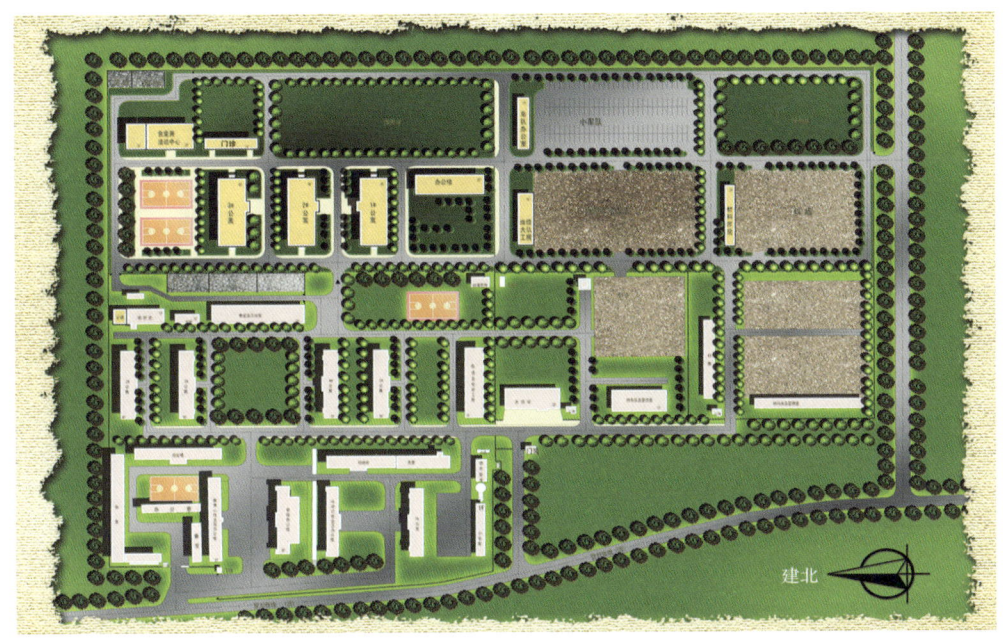

图 2-219　冯地坑倒班点规划总平面图

图 2-220　冯地坑倒班点公寓楼

图 2-221　冯地坑倒班点宿舍楼

9. 十字河大桥

投产时间：2006 年。

建设规模：3×20m 预应力钢筋混凝土梁桥。

项目简介：十字河大桥位于姬塬油田南部区块开发的咽喉要道上，横跨十字河，在十字河桥修建前，主要靠漫水桥通行，每到雨季发洪水，交通经常中断，桥梁冲毁，对生产运行造成极大的损失。本工程的建成极大地方便了姬塬油田南部区块的日常生产运营。该桥上部采用 20m 预应力钢筋混凝土空心板；下部桥墩、桥台基础皆为钻孔摩擦桩。图 2-222、图 2-223 为十字河大桥近照。

工程主要工艺技术：

（1）钢筋混凝土梁板式桥梁设计技术；

（2）河道防护技术。

图 2-222 横跨十字河

图 2-223 俯看十字河大桥

10. 姬塬油田 300×10^{4}t/a 产建工程（2002—2007 年）

投产时间：2002 年 10 月—2008 年 3 月。

建设规模：300×10^{4}t/a。

项目简介：姬塬油田位于陕西定边县、吴起县，甘肃环县、华池县与宁夏盐池县境内，是鄂尔多斯盆地近年探明的又一个储量超亿吨级的整装低渗透油田。姬塬油田 300×10^{4}t/a 产建地面工程包括：油气集输、原油储运、注水工程、给排水、消防、供电、通信、产能配套、道路等系统工程。实际竣工决算 21.053×10^4 万元。姬塬油区地形复杂，油藏深、产量低、区块分散、开发单位多、多油层叠合滚动开发、水源缺乏。开发速度是长庆油田原油上产最快的油田，不确定性因素大幅增多，要求地面工程设计具有很好的灵活性和适应性。地面工艺分层集输、分层处理工艺技术解决了多层系开发采出水不配伍易结垢的难题；树枝状单干管智能稳流阀组配注技术实现了无人值守和一级布站注水流程；一级除油、二级过滤污水处理工艺和密闭集输技术的应用，解决了污水出路，降低了油气损耗，减少了环境污染。通过采用多项适用新技术、新工艺，"优化"和"简化"相结合，积极推广成熟技术、创新发展特色技术、吸收利用实用技术，建设新型地面模式。各项技术指标全面达标，地面建设水平达到一个新的高度。该工程获得 2009 年集团公司石油工程优秀设计一等奖。图 2-224 至图 2-235 为姬塬油田 300×10^{4}t/a 产建工程相关照片。

图 2-224　气势蓬勃的姬塬油田

图 2-225　姬塬群式大井组

图 2-226　冯地坑 35kV 变电站

图 2-227　石子河大桥

图 2-228　井区拉油站

图 2-229　正在修建黄 8 井区道路

图 2-230　姬塬油田增压点

图 2-231　姬 69 增压集成装置

图 2-232　姬 69 增空冷器、油气分离器

图 2-233　标准化接转站渲染图

图 2-234　姬一供水站全景照

图 2-235　集团公司石油工程优秀设计一等奖证书

主要设计工程量：油气集输、原油储运、注水工程为主的主体工程及给排水、消防、供电、通信、产能配套、道路等完善配套系统工程。建成采油井1956口、注水井533口、输油站1座、联合站3座、脱水站1座、接转站12座、增压点25座、注水站9座、供水站5座、35kV变电所2座、姬一联原油稳定及轻烃回收站1座、倒班点2座及配套的线路工程、辅助工程等。

地面设计主要工艺技术：

（1）积极推广成熟技术，吸收利用实用技术。①油井功图计量、丛式井单管不加热密闭集输工艺；②油气密闭集输技术；③精细过滤水处理工艺；④树枝状单干管智能稳流配水阀组配注技术；⑤生物接触氧化小型生活污水处理工艺；⑥简易除油、就地回注；⑦橇装注水站密闭工艺技术；⑧高压无功自动补偿技术；⑨变频调速技术；⑩光纤通信技术。

（2）创新发展特色技术，提高技术水平，建设新型地面模式。①分层集输、分层处理，合层集输、除垢防堵技术；②一级除油、两级精细过滤污水处理工艺；③注水站污水分注工艺技术；④健康饮水技术；⑤油田生产监控和数据采集技术；⑥2.4G无线宽带接入技术；⑦深井取水工艺；⑧大跨径桥梁技术。

11. 宁定吴电网

宁定吴油田电网主要为胡尖山油区、姬塬油区、白豹油区、吴起油区供电。共有姬塬、油房庄、大水坑110kV骨架变电站3座，油田35kV变电站27座。

1）胡尖山油区

该区为第三采油厂、第六采油厂开发范围。供电主要依托油房庄110kV变电站，油区内已形成以油房庄110kV变电站为中心，6座35kV变电站为骨架的供电系统（表2-9）。

表2-9 胡尖山油区供电系统

名称	电压等级	主变容量（MV·A）	负荷（MW）
油房庄110kV变电站	110/35/10kV	31.5+50	54.0
胡尖山35kV变电站	35/10kV	6.3+8	9.0
宗小涧35kV变电站	35/10kV	8+12.5	14.0
袁庄35kV变电站	35/10kV	10+5	9.2
杨井35kV变电站	35/10kV	12.5+10	10.2
宗新庄35kV变电站	35/10kV	6.3+8	建设中
新庄35kV一体化变电站	35/10kV	4	建设中

2）姬塬油区

姬塬油区为第三采油厂、第五采油厂、第八采油厂和第三项目部开发范围。油区内已形成以姬塬、大水坑、天字110kV变电站为中心，12座35kV变电站为骨架的供电系统（表2-10）。

表2-10 姬塬油区供电系统

名称	电压等级	主变容量（MV·A）	负荷（MW）
姬塬110kV变电站	110/35/10kV	63+50	72.5
大水坑110kV变电站	35/10kV	2×31.5	38.9
天字110kV变电站	35/10kV	2×50	建设中
官邸35kV变电站	35/10kV	10+12.5	11

续表

名称	电压等级	主变容量（MV·A）	负荷（MW）
山城 35kV 变电站	35/10kV	10+12.8	10.4
姬七联 35kV 变电站	35/10kV	2×5	7.4
西掌塬 35kV 变电站	35/10kV	5+8	7.3
陈高庄 35kV 变电站	35/10kV	2×10	13.5
刘峁塬 35kV 变电站	35/10kV	5+8	7.7
马坊 35kV 变电站	35/10kV	2×2.5	3.2
牛毛井 35kV 变电站	35/10kV	2×2.5	2.0
西梁 35kV 变电站	35/10kV	1×5	6.3
罗庞塬变压器组	35/10kV	3.15	3
马家山 35kV 变电站	35/10kV	2×8	6.7
王新庄 35kV 变电站	35/10kV	6.3+10	6

3）吴起、白豹油区

该区为第三采油厂、第八采油厂、第九采油厂、第七采油厂白豹油区建成 5 座 35kV 变电站为骨架的供电系统（表 2-11）。

表 2-11 吴起、白豹油区供电系统

名称	电压等级	主变容量（MV·A）	负荷（MW）
王台 35kV 变电站	35/10kV	6.3+10	13
刘坪 35kV 变电站	35/10kV	2×10	8.2
武阳 35kV 变电站	35/10kV	10+12.5	9.4
白豹 35kV 变电站	8+10	2×4	6.8
王庄 35kV 变电站	35/10kV	5+8	6.7

五、小结

自 2001 年在姬塬油田黄 9 井区滚动开发以来，地面建设逐步形成了以"群式井组开发、地面双流程建站、原油分层处理、净化油合层输送、清污系统合建、采出水分层处理、分层回注"为基本特征，以"联合站为中心、增压点为补充、油气单管密闭集输"为主要流程的地面工艺技术，主要采用了油井功图计量、自动投球收球、油气密闭集输、设备橇装集成、其他综合利用等技术，实现了集输系统全密闭，减少了伴生气逸散造成的资源浪费，消减了安全隐患，较好地解决了多层系开发遇到的问题，实现了高速建产、快速上产，取得了超低渗透油藏较好的开发效果和经济效益，截至 2016 年年底超低渗透原油产量突破 $1000×10^4$t，成为国家级绿色矿山示范区。

第七节　超低渗透地面工程

一、超低渗透油藏简介

超低渗透油藏指渗透率小于 1mD、单井产量 2t 左右的油藏。主要分布在华庆、姬塬、吴起、志靖—安塞、西峰两侧五大区带。超低渗透油藏主力开发层位为三叠系长 6 长 8 及长 4+5 油藏，现阶段主要开发的对象是渗透率在 0.5~1.0mD、埋深 2000m 左右、达产年平均单井日产油在 2t 以上的油藏。图 2-236 至图 2-240 为超低渗透油田地面工程相关照片。

图 2-236　超低渗透油藏钻机林立到处都是大干快上的夺油场面

图 2-237　朝气蓬勃的员工队伍

图 2-238　井场与增压点合建

图 2-239　荞麦田边的采油井场

图 2-240　蓝天白云下的丛式采油井场

二、超低渗透油藏地面工艺技术

针对其多井低产、滚动开发、规模建产和地形复杂的特点，在地面工艺的优化简化中融合先进的数字化技术，形成以"功图计量、稳流配水、井站合一、多站共建、装置集成、优化布站、数字管理"为核心的地面工艺和以"标准化设计、模块化建设"为核心的建设模式，满足了低成本开发和大规模快速建设的需要，保障了地面建设的高水平、高质量和高效率。

超低渗透油藏地面建设主要采用以下工艺技术。

（1）简化丛式井场设施。

超低渗井场开发采取大丛式井组，采取电子巡井、无人值守，主要应用技术包括：①油水井数据自动采集和远程调控技术；②井场视频监测技术；③自动投球清管技术；④定压阀回收套管气。

（2）优化集油工艺。为提高技术水平，集油工艺有：①超低渗集油采用油气混输二级布站，即"大井组—增压点—联合站"二级布站；②树枝状集油工艺的规模运用；③自动收球装置运用；④高压油气混输工艺；⑤段塞流油气混输保护技术；⑥井站合建模式；⑦伴生气回收利用工艺。

（3）供注水一体化，创新了小站注水工艺。

（4）规模应用了一体化集成装置。

（5）数字化管理与新型劳动组织构架。

（6）标准化设计、模块化建设、市场化运作。

图2-241至图2-251为超低渗透油田地面工艺技术相关照片。

图2-241　超低渗透华庆油田开发时技术人员合影

图2-242　井区生活点

图2-243　拉油点

图 2-244　色彩缤纷的站内一角

图 2-245　无人值守数字化增压点模型图

图 2-246　油二联合站轻烃回收装置

图 2-247　周 4 增注站全景图

图 2-248　标准化注水站渲染图

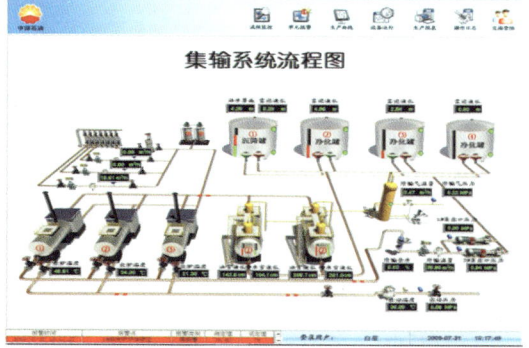
图 2-249　站场集中监控、自动控制

77

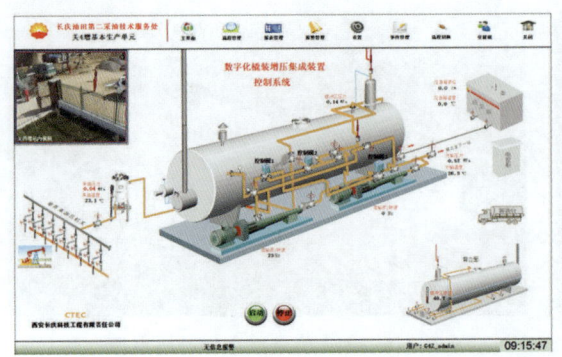
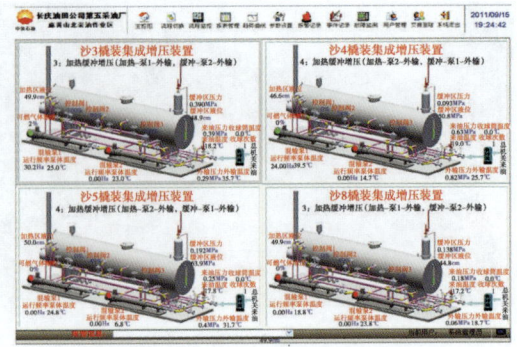

图 2-250　一体化装置远程集中监控

图 2-251　作业区生产监控终端

三、超低渗透油藏地面主要工程量

超低渗透 2006 年开始地面建设，包括华庆油田、西峰油田（合水境内）、环江油田、吴起油田等多个油田，截至 2013 年年底，累计共建成联合站 12 座、计量接转站 22 座、增压点 55 座；注水站 16 座；供水站 2 座，水源井 32 口，供水管线 18.95km；35kV 变电站 2 座，35kV 及 35kV 以下输电线路 395.25km；沥青道路 165.4km，四级砂石干道 108.9km；通信线路 23.1km，SDH 光端机 6 套；8 个采油作业区基地。图 2-252 至图 2-261 是有关超低渗透油田地面建设的照片。

图 2-252　庆一联合站　　　　　　　图 2-253　白一联合站

图 2-254　庆二联合站

图 2-255　庆二联合站罐区

图 2-256　镇北油田镇二联合站

图 2-257　环二联合站

图 2-258　环三联合站

图 2-259　庄一联合站

图 2-260　数字化井场

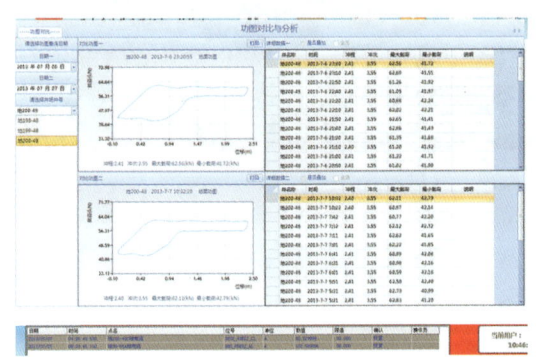

图 2-261　油井工况智能诊断、井场视频实时监视、闯入报警

四、典型工程

超低渗透油田地面工程建设项目众多，集成化设备在超低渗透油田地面建设中得到了进一步的应用。这里选取 10 项具有具有代表性工程：关 1 增压点、关 4 增压点、胡 34 增压点、庆一注水站、郝阳 35kV 橇装变电站、中一供水站、水源井口增压一体化集成装置、庄三联合站、环一联轻烃厂、庆一联 150 人区部分别予以介绍。

1. 关 1 增压点（刘玲玲站）

投产时间：2009 年 1 月。

建设规模：240m³/d。

项目简介：2010 年 10 月 11 日，集团公司首次以优秀班组长的名字命名 10 个班组，刘玲玲所在的关 1 增压站被授予"刘玲玲站"荣誉称号。2010 年 12 月 3 日，长庆油田公司在关 1 增压站隆重举行"刘玲玲站"授牌仪式。该站与井组、燃气发电站、生活点共建，与应急班一体化管理，是长庆油田数字化建设的样板站、示范站。图 2-262 为关 1 增压点（刘玲玲站）全景照片。

图 2-262 关 1 增压点（刘玲玲站）全景

2. 关 4 增压点（数字化增压集成装置）

投产时间：2009 年 6 月。

建设规模：240m³/d。

项目简介：2008 年按照油田公司指示，超低渗透油田的开发建设在 0.3mD 试验成果的基础上，突出"技术集成、开采简化、机制创新、效益开发"，在甘肃省华池县华庆油田白 155 井区快速、高效的建成超低渗透油藏开发示范区。

关 4 增位于关 123-164 井场附近，根据生产功能不同全站平面由门岗房、卸油区、数字化橇装增压集成装置区、采油井场四个部分组成。采用油气混输工艺，外输至庆一联，外输管线采用树枝状分段变径管网串接。作为长庆油田安装数字化橇装增压集成装置的第一座站场，2009 年 6 月 28 日顺利投产。经过近 4 年来的现场生产运行，装置各项功能（包括加热、分离、缓冲、增压等）均得到有效验证，设计多个生产工艺流程经全面测试全部符合设计要求。图 2-263 和图 2-264 为关 4 增压点全景及数字化增压橇装集成装置全景照。

图 2-263 关 4 增压点全景图

图 2-264　数字化橇装增压集成装置全景照

主要设计工程量：数字化橇装增压集成装置 1 座，集油收球加药一体化集成装置 1 套、30m³ 事故油箱 1 具。

3. 胡 34 增压点（一体化集成装置）

投产时间：2013 年 10 月。

建设规模：240m³/d。

该站由一体化集成装置建成，主要包括数字化橇装增压集成装置 1 座，集油收球加药一体化集成装置 1 套、气液分离一体化装置等组成。图 2-265 至图 2-267 为胡 34 增压点相关照片。

图 2-265　集油收球加药一体化集成装置

图 2-266　数字化橇装增压集成装置

图 2-267　胡 34 增压点全景

4. 庆一注水站

投产时间：2008年10月。

建设规模：2000m³/d，设计压力20MPa。

项目简介：主要设计工程量：（1）400m³储水罐（清水）2具，200m³储水罐（采出水）2具；（2）FF5125S-24/20型五柱塞注水泵5台。图2-268至图2-270为庆一注水站相关照片。

图2-268 庆一注水站大门

图2-269 庆一注水站内主要设备

图2-270 庆一注水站全景

主要工艺技术：

（1）树枝状单干管稳流阀组配水工艺；

（2）活动洗井车洗井工艺技术；

（3）注水站清污分注工艺；

（4）烧结管精细过滤水处理工艺；

（5）高效柱塞泵注水技术；

（6）水罐胶膜隔氧装置密闭工艺；

（7）注水管线EP重防腐涂料内防腐工艺；

（8）注水管线再生橡胶外防腐工艺。

节能技术：

（1）注水站清污分注工艺技术；

（2）高效柱塞泵注水技术；

(3) 活动洗井车洗井工艺技术；
(4) 智能型稳流阀组配水技术；
(5) 注水泵变频控制技术。

5. 郝阳 35kV 橇装变电站

投产时间：2012 年 5 月。

建设规模：2×5MVA。

项目简介：郝阳 35kV 橇装变电站是由组合电器装置构建的变电站，实现了变电站橇装化的目的。站场利用设备单元整体橇装的思路，形成变电站进出线间隔、PT 间隔、母联间隔、变压器间隔等变配电间隔模块，并利用革新的母线连接技术和橇体的智能化技术等国内领先的新技术，实现了变电站的设计标准化、系列化、设备橇装化、定型化、采购集约化、整合化、作业预制化、流水化、管理数字化、智能化、维护单元化、模块化，从而在设计、采购、施工、运行四阶段实现全周期工厂化作业，最终实现大幅提高建设效率，有效解决工程难题。该项目荣获长庆油田 2012 年度技术创新三等奖。图 2-271 为郝阳 35kV 橇装变电站内设备照。

图 2-271　郝阳 35kV 变电站内景照

主要设计工程量：郝阳 35kV 橇装变电站由进线间隔、PT 间隔、母联间隔、所变间隔、主变间隔等组成，配合土建配电室及仪表、暖通、给排水、消防等等配套设施的站场。通过优化设计，合理配套，在设计中引入橇装一体化的设计理念，充分发挥设备高度集成的特点，不仅节约了土地资源，保护环境；缩短施工时间，降低劳动强度；同时增强自身安全性能，减少安全隐患，保障人员人身安全，其技术水平属国内先进水平。

地面设计主要工艺技术：
(1) 系列化设备集成技术，主体设备全部实现橇装；
(2) 完善的站场橇装技术，实现变电站的各种接线形式；
(3) 创新的橇间连接技术，采用管式硬母线连接，安全方便；
(4) 设备基础优化。

节能技术：单座 4MVA 变电站缩短的建设周期时间即可为油田建设提前供电约 $400 \times 10^4 \mathrm{kW \cdot h}$。

6. 庄三联合站（首座橇装联合站）

投产时间：2015年10月。

建设规模：原油脱水设计规模 $30×10^4$ t/a。

项目简介：庄三联合站位于庆阳市合水县太莪乡境内，是合水油田庄211—230井区核心站场，处理庄211—庄230井区长6、长7层含水原油，净化油外输至庄一联合站。庄三联合站是长庆油田首座一体化集成装置联合站，通过对联合站内集输系统、采出水回注系统、供热系统、供配电系统的30多类设施按介质、功能、流程分类、整合，优化组合形成了8类一体化装置，通过多橇组合应用，实现原油加热、油气分离、原油计量增压、注水、供配电及数据采集控制等生产要求，满足联合站功能需求。图2-272至图2-281庄三联合站全景及站内橇装装置照片。

图2-272　庄三联合站俯视图

图2-273　庄三联合站效果图

图2-274　集油收球一体化集成装置

图2-275　来油计量一体化集成装置

图2-276　原油加热一体化集成装置

图2-277　两室缓冲一体化集成装置

图2-278 油水加药一体化集成装置

图2-279 原油外输计量一体化集成装置

图2-280 电控一体化集成装置

图2-281 采出水回注一体化集成装置

主要设计工程量：庄三联合站建有1000m³钢制拱顶油罐2具（包括1具溢流沉降罐），1600kW原油加热装置一体化集成装置2台，集油收球一体化集成装置1台，两室缓冲一体化集成装置1台，油水加药装置一体化集成装置1台、来油计量一体化集成装置1台、外输计量一体化集成装置1台、采出水回注一体化集成装置1台和电控一体化集成装置2台。

工程主要工艺技术：

（1）一体化集成装置技术；

（2）油气水三相分离技术；

（3）泵—泵密闭集输技术；

（4）两室分离缓冲技术；

（5）采出水处理回注技术；

（6）智能化控制技术。

7．庆一联150人区部

投产时间：2009年11月。

建设规模：150人。

项目简介：按照超低渗透油田开发模式，作业区区部与联合站合建，规模按照150人考虑，保障联合站生产人员与作业区办公人员食宿。庆一联150人区部位于甘肃省合水县固城乡，与庆一联合站毗邻。占地面积8867m²，围墙内占地6947m²，总建筑面积3815.35m²。区部内主要由一栋综合楼、一座材料库及室外运动场地所组成。综合楼建筑面积

3527.35m², 为 4 层框架结构。主要功能有宿舍，办公和食堂三部分。材料库主要为简单的维修和材料的存放，室外设置小型料场。图 2-282 为庆一联 150 人区部平面效果图。

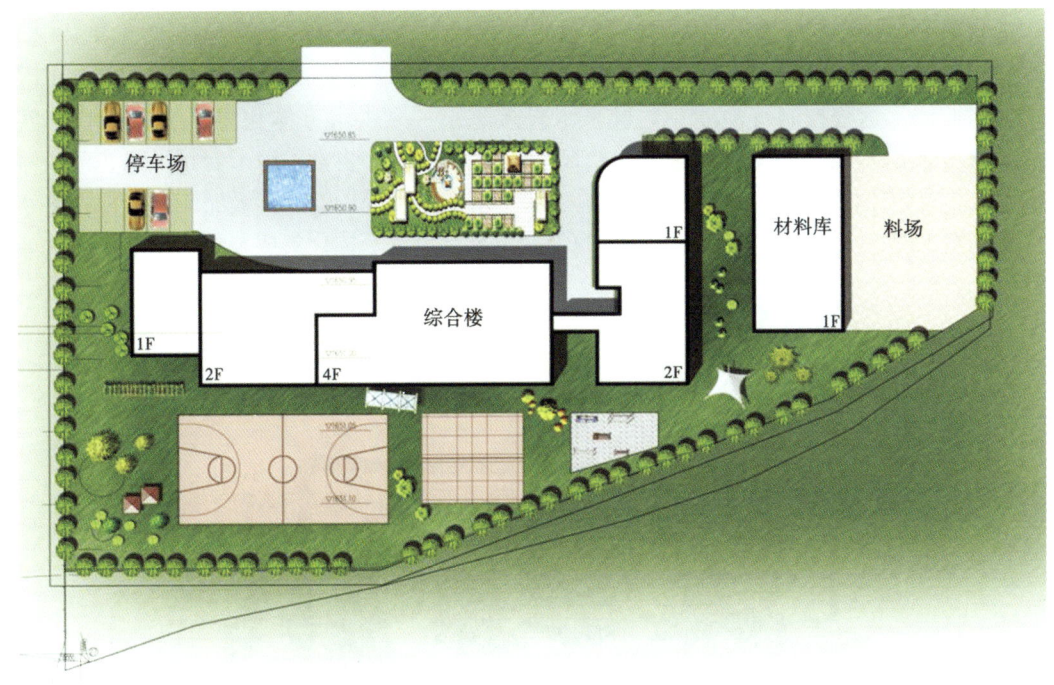

图 2-282　庆一联 150 人区部总平面效果图

8. 环一联轻烃厂

投产时间：2011 年 11 月。

建设规模：原油稳定 $50×10^4t/a$，伴生气回收 $3×10^4m^3/d$。

项目简介：环一联轻烃回收装置位于甘肃省庆阳市环县四合塬乡村，邻近第七采油厂环一联合站。主要处理罗 38 油井伴生气和环一联合站原油稳定生产的稳定气。主要功能包括：原油稳定、轻烃回收、罐区及装车销售等。根据生产功能不同由装置区、罐区、装车区、辅助生产区、办公区等区域组成。各区块间以道路分割。各区域以及设施的布置尽量紧凑，做到平面布置与工艺流程相适应。生产装置的多数设备采用橇装化、模块化设计，减少占地面积和现场施工工作量。图 2-283 和图 2-284 为环一联轻烃厂轻烃装置照片。

图 2-283　环一联轻烃罐区

图 2-284　轻烃装置全景

9. 中一供水站

投产时间：2010年11月。

建设规模：1500m³/d。

项目简介：中一供水站主要给中一注水站供水，首次采用泵—泵供水一体化集成装置，主要由多级离心泵、隔膜气压水罐、电控柜、仪表、阀门管汇组成，具有数据采集、工况优化、实时监测、远程控制等功能。井群来水直接进泵—泵供水一体化集成装置进口，实现泵—泵（井群潜水泵组—二级加压泵）密闭串联叠压供水。装置采用了变频供水、气压罐稳压技术，具有超压保护、复合进排气、管道过滤、水击保护等功能，二级加压泵能根据来水流量自动调整工况，全自动运行。图2-285为中一供水站供水一体化集成装置三维渲染照片。

图2-285　钟—供水站泵—泵供水一体化集成装置三维渲染图

主要工程量：水源及输水管道、泵—泵供水一体化集成装置以及土建、仪表、电气等配套设施。

主要工艺技术：

（1）变频供水技术；

（2）气压罐稳压技术。

节能技术：

（1）密闭叠压供水，比传统供水方式降耗10%~20%以上；

（2）变频供水节约电能。

10. 水源井口增压一体化集成装置

投产时间：2012年8月。

建设规模：120m³/d。

项目简介：水源井口增压一体化集成装置主要用于水源井的井口增压，与潜水泵串联供水，满足1~2口水源井的中间加压，实现密闭、叠压输水。该装置主要由立式多级离心泵、稳流阀、排气阀、安全泄压阀、电控柜组成。水源井潜水泵出水直接进多级离心泵进口，由多级离心泵二次加压串联输水。解决了实际应用中，由于地形高差大，距离远，边远水源井潜水泵扬程不足，需要建中间加压站问题。图2-286和图2-287为水源井口增压一体化集成装置三维设计图。

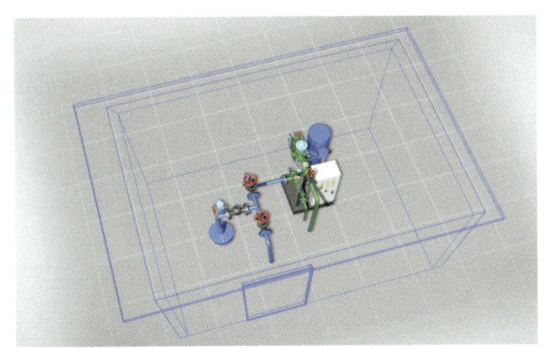 

图 2-286　水源井口增压一体化集成
装置安装效果图　　　　图 2-287　水源井口增压一体化集成
装置三维渲染图

主要工艺技术：
（1）变频供水技术；
（2）气压罐稳压技术。
节能技术：
（1）密闭叠压供水，比传统供水方式降耗 10%~20% 以上；
（2）变频供水节约电能。

五、小结

针对超低渗透油藏开发特点，通过地上与地下相结合、建设与管理相结合、开发与环保相结合，形成适应超低渗透油藏快速滚动开发的"大井组、串接集油、混输增压、二级布站、井站合一、数字化管理、设备橇装集成"为主要内容的地面建设新模式。创新形成了适应超低渗透油藏地貌特点的集成装置小型化技术，实现了油田大中型站场除油罐外其他设施的全部橇装化，推动了一体化装置的全面应用，节省建设投资、降低生产运行费用、提升油田地面建设和管理水平，同时大大缩短生产安装周期，节约站场占地面积。

第八节　油田管道工程

一、靖吴华马输油管道工程

设计时间：1996 年 10 月至 1997 年 3 月。
投产时间：1997 年 10 月。
建设规模：（50~85）×10^4t/a。
项目简介：靖—吴—华—马输油管线所辖油田有靖安、吴旗、白豹三个油田。管线起点为靖二联原油外输首站，途经吴起、白豹、华池、北区集油站、终至曲子交油站。靖—吴—华—马输油管线是长庆油田独立设计施工建成的第一条距离较长的集输管道。
主要设计工程量：靖二联合站—吴起段输油管线长度 54km，管径为 φ168.3mm×5mm，最大输量为 53×10^4t/a。吴起—华池段管线长 74.6km，已建 φ114mm×5mm 管线最大输量为 28×10^4t/a。新建 φ168.3mm×5mm 管线最大输量为 50×10^4t/a。两条管线最大输量为 78×

10^4t/a。华池—曲子段管线长72.21km，管径为$\phi219mm \times 6mm$，最大输量为85×10^4t/a。靖—吴—华—马输油管线全长200.8km，最大输油能力85×10^4t/a。

工程主要工艺技术：该工程设计中首次采用原油低温输送工艺、清管器及电子探测定位技术等多项先进技术，输油管道1997年10月建成投产，各项指标达到国内先进水平。设计中多项先进技术的成功应用，对长庆油田输油管道的建设具有深远的指导意义和重大的参考价值。

二、铁西输油管道工程

设计时间：2006年1月—2006年12月。

建设规模：300×10^4/a。

项目简介：铁西输油管道是长庆油田一条"贯通南北、衔接东西"环状集输管网的重要组成部分，起点为陕西省吴起县铁边城油田铁一联输油站，终点为甘肃省西峰油田西一联输油站，途经两省（陕西、甘肃）两市（延安市、庆阳市）三县（吴起县、华池县、庆城县）13个乡镇43个自然村，连接长庆油田铁边城、吴起、白豹、陇东和西峰五大油区。其建设主要目的是为了缓解吴旗地区原油外输的紧张局面，同时为庆咸管线和庆化供油。它的建设完善了长庆输油系统网络，优化了资源配置和系统流向。

根据长庆油田发展的需要以及管道敷设区域的地形地貌特点，2008年5月投产运行后，各项环保、安全、技术指标均达到了国家标准及设计要求。该工程获石油工程协会优秀设计三等奖。图2-288、图2-289分别为铁西输油首末站全景图。

图2-288 铁西输油首站

图2-289 铁西输油末站

主要设计工程量：管道全线设输油站场5座（铁一联输油站、吴一联输油站、白豹输油站、悦联插输油站以及西一联输油站），输油线路226km（管径为$\phi168mm/\phi219mm/\phi377mm$），截断阀室8座，该工程被股份公司和长庆油田分公司列为2007年度重点工程。

工程主要工艺技术：

（1）从泵到泵的密闭输油工艺；

（2）自控系统采用SCADA控制系统；

（3）管道泄漏检测定位技术；

（4）光纤通信技术。

三、姬白输油管道工程

设计时间：2008年1月。

建设规模：130×10^4 t/a。

项目简介：随着姬塬油田不断勘探开发，原油产量大幅度增加，其产输矛盾十分突出，为了解决姬塬油区原油外输的紧张局面，同时保障铁西管道和庆咸管道的用油需要。2008年建设姬白输油管道，该管道起点为陕西省定边县姬塬乡姬二联输油站，终点为陕西省吴起县白豹镇白豹输油站，是长庆油田连通南北、平衡原油销售的一条重要联络线。图2-290至图2-292为姬白管道线路走向及各站全景照。

图2-290 姬白输油管道首站一隅

图2-291 姬白输油管道末站——白豹输油站

图2-292 姬白输油管道中间站场——乔川加热站

主要设计工程量：管道全线设输油站场3座（姬二联输油站、乔川加热站、白豹输油站），监控阀室2座，输油管道全长104km，管径 ϕ273.1mm×6.4mm（7.1mm）。

工程主要工艺技术：

（1）原油低温输送工艺；

（2）泵对泵密闭输送工艺；

（3）管道压力及壁厚分布优化技术；

（4）水击超前保护技术；

（5）超压泄放安全保护技术及紧急停车；

（6）线路截断阀自控及远控技术；

（7）清管阀自动收发清管器技术；

（8）先进的自动控制系统。

四、姬惠输油管道工程

设计时间：2010年。

建设规模：$450×10^4$t/a。

项目简介：姬塬—惠安堡输油管道工程，全线敷设于陕西、宁夏境内，是中国石油长庆油田分公司的一条油区内部原油输送管道工程，随着长庆油区石油勘探开发不断取得突破，原油产量逐年递增，长庆油田进入快速发展的阶段。该项目的建设，将彻底解决困扰姬塬油区的产输矛盾，完善长庆油田输油系统网络，提高对市场变化的适应能力，满足中国石油宁夏炼化与呼和浩特石化扩建后用油的市场需要。图2-293和图2-294为姬惠输油管道线路首末站场照片。

图2-293 姬塬输油首站全景照

图2-294 惠安堡输油末站

主要设计工程量：主要包括姬塬油田外输总站、惠安堡输油末站，2座截断阀室和阴极保护站2座，管道全长71.5km输油管道以及相应的公用工程、辅助生产设施。管道管径为ϕ355.6mm，管道材质采用L360（X52），设计压力为6.3MPa，受地形起伏影响，局部地段管道设计压力按照8MPa考虑。

工程主要工艺技术：
（1）从泵到泵的密闭输油工艺；
（2）自控系统采用SCADA控制系统；
（3）管道泄漏检测定位技术；
（4）光纤通信技术。

五、吴定输油管道工程

设计时间：2012年1月。

建设规模：220×10^4t/a。

项目简介：吴起—定边油房庄输油管道工程全线敷设于陕西省吴起县、定边县境内，输送吴起、铁边城、靖安油区原油至油房庄。输油干线线路基本呈东南—西北走向，起点位于吴二联合站东南侧的吴起输油首站，终点为与油房庄储备库合建的油房庄输油末站。首站配套建设50人保障点及35kV变电站。管道采用了多路来油压力流量自动调节泵到泵密闭输油工艺、特殊地段管线加大壁厚设计等先进的工艺技术，在行业内达到了较高的技术水平。该工程的顺利投产解决了刘坪、铁边城原油产输矛盾，完善了长庆油田储运系统，形成了一条新的向北原油外输大动脉。图2-295至图2-302为吴定输油管道工程相关照片。

图2-295 吴定输油管道首站

图2-296 储罐区

图2-297 来油计量间

图2-298 加热炉区

图 2-299 生产及外输泵房区

图 2-300 姚山 35kV 变电站

图 2-301 吴起首站保障点效果图

图 2-302 保障点宿舍楼

主要设计工程量：全线仅设首末站两座站场，线路长度约 91.9km，管径 ϕ323.9mm，吴起输油首站至 1 号阀室设计压力 8.0MPa，1 号阀室至油房庄输油末站设计压力 6.3MPa，沿线设置 4 座阀室及 1 座信号采集点。

工程主要工艺技术：
（1）从泵到泵的密闭输油工艺；
（2）自控系统采用 SCADA 控制系统；
（3）管道泄漏检测定位技术；
（4）光纤通信技术。

六、小结

经过近几十年的发展，长庆油田输油管道陆续建成了靖安—咸阳、靖安—惠安堡、西峰—咸阳、铁边城—西峰、姬塬—白豹、姬塬—惠安堡等输油干线，输油干线北至宁夏，南达咸阳，形成了"横跨东西、纵贯南北、区域相济、调配灵活"的环状输油管网。针对长庆油田地貌多样、地形起伏大、工程地质条件差的特点，输油工艺形成了"热处理低温输送技术、高压输送技术、大落差管道平稳运行技术、多点密闭插输自动控制技术、低输量安全输送技术、水工保护及线路环境设计技术"，确保了长庆油田输油管道平稳运行。

第九节 储备库工程

一、惠安堡商业储备库工程

设计时间：2007年6月。

建设规模：$120 \times 10^4 \mathrm{m}^3$。

项目简介：惠安堡原油储备库工程是迄今为止长庆油田中规模最大、占地面积最大的站场，也是长庆油田第一座具有商业储备功能的大型原油储备库，位于宁夏回族自治区吴忠市盐池县惠安堡镇境内，与靖惠管道惠安堡末站合建。该站地处长庆油田原油销售的北部总出口惠安堡，其原油储备在确保长庆油田生产平稳运行以及国家商业原油储备上发挥着重要作用。该工程获得集团公司优秀设计二等奖。图2-303至图2-308为惠安堡原油储备库相关照片。

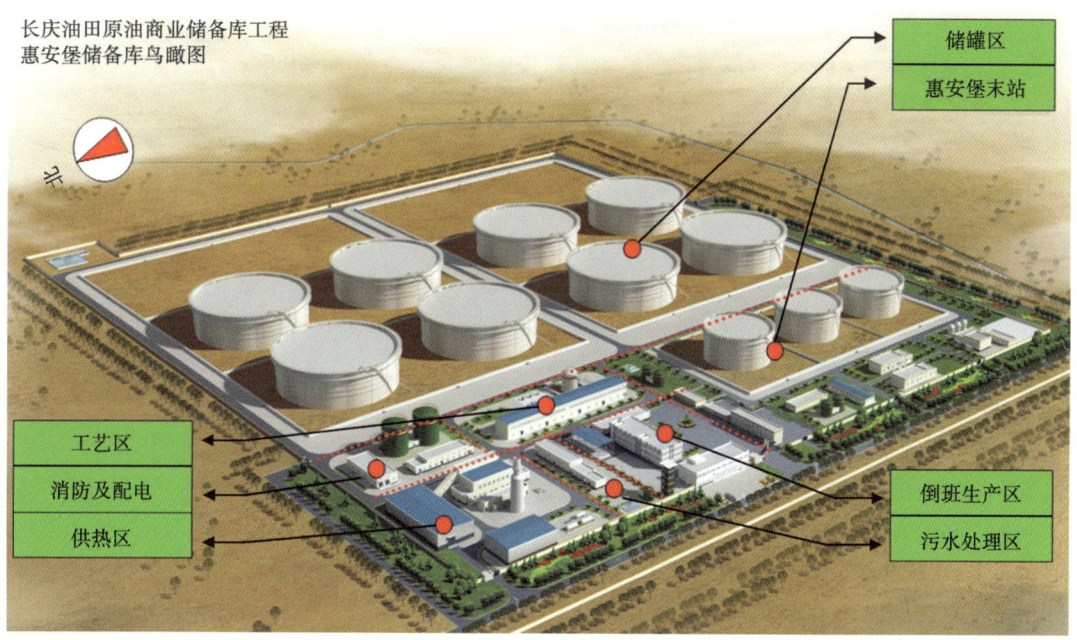

图2-303 惠安堡储备库效果图

图2-304 惠安堡储备库站场全景图

图 2-305　站内工艺管线安装

图 2-306　生产管理区

图 2-307　储罐区地上管道

图 2-308　储罐区远景照

主要设计工程量：储备库建设 $10×10^4 m^3$ 钢制外浮顶储罐 12 具，配套建设相关的油气集输、仪表、通信、给排水、消防、污水处理等设施。库区共分为 2 个罐组，每个罐组总库容 $60×10^4 m^3$。

工程主要工艺技术：

（1）$10×10^4 m^3$ 储罐高强度钢板国产化技术；

（2）燃气有机热载体加热技术；

（3）10kV 开关站及其配套技术；

（4）先进的通信监控技术；

（5）成熟可靠的污水处理技术；

（6）数字化管理、全方位控制技术；

（7）大型储罐基础及地基处理综合技术；

（8）环氧类聚合物防腐技术；

（9）柔性阳极的阴极保护技术；

（10）大型储罐盘管保温加热技术。

二、咸阳商业储备库工程

设计时间：2007 年 6 月。

建设规模：$70×10^4 m^3$。

项目简介：咸阳原油储备库作为具有商业储备功能的大型原油储备库，是陕西省境内规模最大、占地面积最大的原油储备库。位于陕西省咸阳市渭城区境内，距离庆咸输油管道、靖咸输油管道末站约 4.5km。储备库油源主要来自长庆油田输油系统的南出口——庆咸输油管道、靖咸输油管道。该工程在充分参考国内储备库相关各类技术的基础上，进行了创新与提高，摸索出了适合鄂尔多斯地区大型储备库建设的油气储运、$10\times10^4m^3$ 大型储罐以上大型储罐及其配套技术等一整套技术，设计中采用的新设备、新技术的应用，降低了站场安全风险，提高了储备库管理水平，提高了生产运行安全保障能力，进一步提高储备库附近居民的安全，维护了企业与地方的和谐。获陕西省住房和城乡建设厅优秀设计一等奖。图 2-309 至图 2-317 为咸阳商业储备库相关照片。

图 2-309　咸阳储备库全景

图 2-310　$70\times10^4m^3$ 罐区（一）

图 2-311　$70\times10^4m^3$ 罐区（二）

图 2-312　集输泵房

图 2-313　加热炉间

图 2-314　消防泵房

图 2-315　生活保障区

图 2-316　供热站

图 2-317　导热油炉辅助配套设施

主要设计工程量：咸阳储备库设计总库容 $70×10^4m^3$，建设 $10×10^4m^3$ 钢制外浮顶储罐 7 具，库区共分为 2 个罐组，其中一个罐组库容 $20×10^4m^3$，另外一个罐组库容 $50×10^4m^3$，并配套建设与之相关的仪表、通信、给排水、消防、污水处理等设施。

工程主要工艺技术：

（1） $10×10^4m^3$ 储罐高强度钢板国产化技术；

（2） 燃气有机热载体加热技术；

（3） 10kV 开关站及其配套技术；

（4） 先进的通信监控技术；

（5） 成熟可靠的污水处理技术；

（6） 数字化管理、全方位控制技术；

（7） 大型储罐基础及地基处理综合技术；

（8） 环氧类聚合物防腐技术。

三、油房庄 $60×10^4m^3$ 原油储备库工程

设计时间：2010 年 9 月。

建设规模：$60×10^4m^3$。

项目简介：油房庄原油储备库位于陕西省定边县，与靖惠管道油房庄输油站毗邻建设，并与长呼管道首站同区布置。在油房庄储备库设计中应用的各项新技术、新工艺，使该站的技术水平迈上了一个新台阶，达到了国内的领先水平，对保障长庆油田北部油区安全平稳运行起到了积极和重要的作用，得到了管理部门和生产单位的高度评价。图 2-318 至图 2-320

为油房庄原油储备库相关照片。

图 2-318　油房庄原油储备库效果图

图 2-319　60×10⁴m³ 罐区

图 2-320　自控室

主要设计工程量：储备库建设 $10×10^4m^3$ 钢制外浮顶储罐 6 具，配套建设相关的油气集输、仪表、通信、给排水、消防、污水处理等设施，该库设计首次引入三维设计。

工程主要工艺技术：

（1）$10×10^4m^3$ 储罐高强度钢板国产化技术；
（2）大型储罐基础及地基处理综合技术；
（3）环氧类聚合物防腐技术；
（4）柔性阳极的阴极保护技术；
（5）大型储罐盘管保温加热技术。

四、小结

自 2007 年开始，长庆油田在宁夏回族自治区盐池县惠安堡镇、陕西省咸阳市、定边县砖井镇陆续建成了惠安堡石油商业储备库、咸阳石油商业储备库、油房庄生产运行原油储备库，设计总库容 $250×10^4m^3$，总有效库容 $225×10^4m^3$，储备库所采用的各项工艺技术均达到国内领先水平，为确保长庆油田生产平稳运行以及国家商业原油储备上发挥着重要作用。

第十节　海安油田地面工程

一、地面工艺技术简介

海安油田地面工程建设区域位于江苏省海安市周边，地处鱼米之乡、水系发达，河道交

错、地下水位较浅、在满足地面工艺的要求下,安全、环保将贯彻始终。该油田地面建设面临的难点是:

(1) 油田地处人口密集区域,周围多为农耕地,需要将安全、环保放在设计和选型的首位;

(2) 设计过程中需简化工艺流程,减少占地面积,以实现工程经济效益的最大化;

(3) 油层物性以低孔、特低渗透为特征,区块分散,难以形成规模,开发成本很大;

(4) 单井产量低(仅为 2~12t/d),区块产液量相差悬殊,丰探1井区最高产液量 175.8m³/d,而丰探4、丰探5井区只有 21.97m³/d;

(5) 油藏埋深 800~2000m,为高凝油油藏,原油黏度高,凝点高,含蜡量高,流变性差。

为确保开发的经济性及先进性,在建设过程中采用以下技术。

(1) 两管掺污水密闭集油流程:联合站脱出的污水经掺水泵提升至换热器升温,经分配阀组分配到井口掺入到集输管线的流体中,从而改善稠油的流动性;

(2) 多点加药改善破乳效果;

(3) 优化简化加热工艺;

(4) 采用橇装化技术;

(5) 清污水混注工艺技术;

(6) 水箱重柴油密闭工艺;

(7) 热注工艺、泵后加热技术;

(8) 高能物理场的固体吸附、固液分离污水处理技术;

(9) 高低压电容补偿技术;

(10) 各类设备加强筋外置;

(11) 烟气水浴脱硫除尘技术;

(12) 联合站通过以计算机系统为核心的监控系统,自动检测生产过程数据;

(13) 道路技术采用了数字化地形图生成路线技术,大大缩短了设计周期;选择了合适的路基宽度和路基填挖高度,尽量少占耕地;

(14) 建筑物采用轻钢结构,由工厂制作现场拼接安装,施工周期短,便于拆卸搬迁;属柔性结构,抗震性能好;不需要做桩基,节省投资;采用了聚苯乙烯泡沫夹心板或单板加保温棉等措施,保温隔热效果良好;彩钢美观华丽,改善了周边环境的动态感。

图 2-321 至图 2-324 海安油田地面工程相关照片。

图 2-321　海安油田地形地貌及地面工程

图 2-322　海安油田管 1 集中拉油站

图 2-323　海安油田管 1 注水站

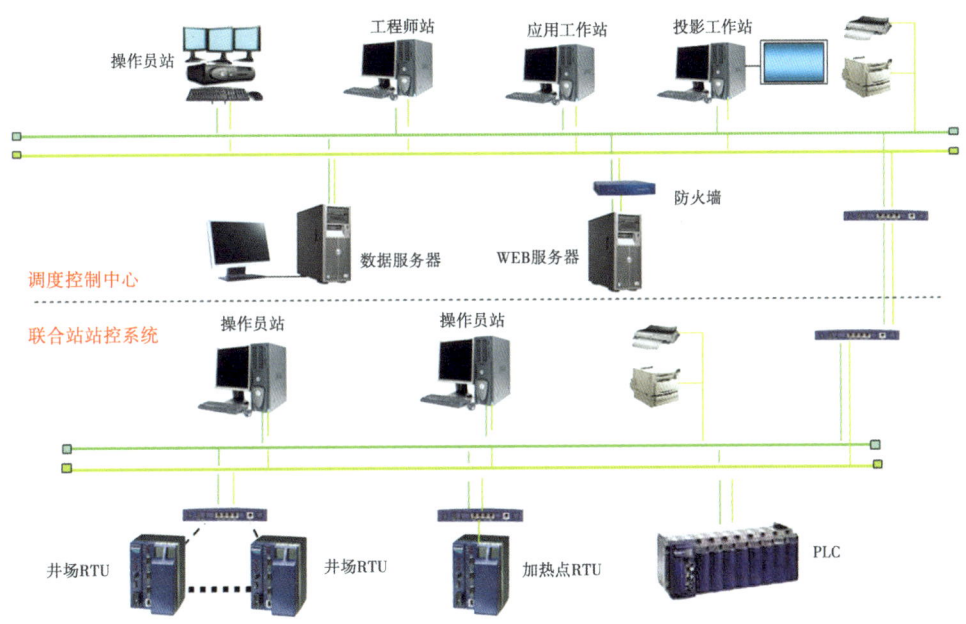
图 2-324　海安油区 SCADA 系统构成图

二、采油井场

海安油田采用丛式井单管环状掺热水流程集油密闭集油流程。井场为数字化无人值守井场（图 2-325）。主要设施有采油井口、注水井口、抽油机、污油回收池、摄像灯杆、栅栏围墙、稳流配水阀组等，具有集油、集气、投球清管、示功图计量等功能。

图 2-325　海安油田数字化采油井场

三、海一联合站

设计时间:2008年10月。

建设规模:10×10^4 t/a。

项目简介:海一联合站是海安油区骨架站场,担负该区原油计量、加热、脱水、储存、装卸任务,原油经过加压、加热后,装车拉运至盐城炼油厂。采出水进入污水处理系统,处理合格后就近回注。按功能和特点分为6个区,分别是储罐区,集输区,装卸车区,采出水处理、注水,供电区及供热区等。图 2-326 至图 2-333 为海一联全景及站内设施照片。

图 2-326 海一联合站全景图

图 2-327 海一联合站集输工艺区

图 2-328 集输区

图 2-329 储罐区

图 2-330 水处理区

图 2-331 绿色油田

图2-332 注水阀组

图2-333 清水处理罐

主要设计工程量：2具1000m³钢制拱顶储罐；1具1000m³沉降脱水罐；2台装车泵（兼倒罐泵）$Q=100m^3/h$，$H=100m$，$N=55kW$；2台卸油泵 XY-B40 $Q=40m^3/h$，$H=60m$，$N=11kW$；1台污油泵 DWY6-25×2 $Q=6m^3/h$，$H=50m$，$N=4kW$；2台三相分离器 PN0.6MPa DN3000×8000；3台来油换热器 BES600-1.6-60-6/25-2I；1台装车换热器 BES600-2.5/1.6-60-6/25-2I；2套加药装置 PJYN-0.5×2-DPMWAB8/1.6×2（防爆型）；1具1.5m³污油箱；2具20m³密闭卸油装置；1台60t汽车衡（防爆）。

设计主要工艺技术：

（1）三相分离脱水技术；
（2）油田采出水处理技术；
（3）密闭卸油技术；
（4）自动电容器无功补偿技术；
（5）自控技术；
（6）光纤通信技术；
（7）工业电视监控系统；
（8）储罐烟雾灭火技术。

四、小结

海安油田地处南方水网区域，油藏储层具有渗透率低、单井产量低、原油凝固点高的特点，通过开展地面工艺研究，站外集油流程采用了井口加热单管串接流程，降低了工程投资；对站外集油管线采用中频感应加热解堵技术在经济性和实用性上都非常适合浙江油田的生产现状。地面系统采用了标准化、数字化设计，大大提升了油田管理水平。

第十一节 油田标准化设计

2008年以来，长庆油田地面建设把开展标准化设计、研发推广一体化集成装置作为转变发展方式、提质增效的重要抓手，不断"总结、完善、优化、提升"。一体化集成装置的研发应用取得了长足的进步，推动了标准化设计工作向"更大范围、更宽领域、更高层次"发展，为顺利实现年5000×10⁴m³产能和持续稳产提供了强有力的支撑。2011年以后，长庆油田新建产能中小型站场标准化设计覆盖率达100%，设计工期同比缩短50%，建设工期同比缩短33%。地面工程的快速建成，提高了新井时率和对原油当年生产的贡献率。

一、标准设计

形成了全面覆盖油气地面建设的标准化设计文件成果，包括定型站场、标准模块、标准图集、标准化计价指标等，如图2-334所示。

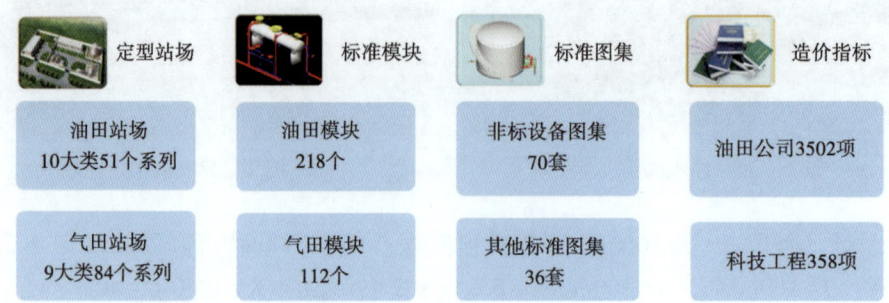

图2-334 标准化设计内容

1. 油田标准化站场系列（51个系列）

联合站	定型图1套
接转站（脱水）	定型图5套
增压点	定型图1套
增压橇	定型图4套
接转橇	定型图1套
油田丛式井场	定型图10套
注水站	定型图12套
前线生产保障点	定型图11套
门岗房、水厕	定型图5套
活动中心	定型图1套

2. 油田模块系列（218个）

图2-334为标准化设计系列模块图。

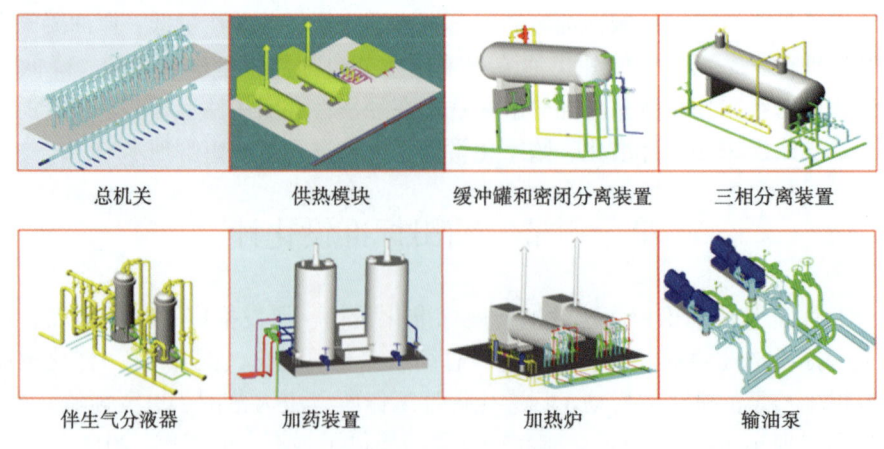

图2-335 标准化设计系列模块图

二、一体化集成装置

长庆油田制定了一体化集成装置分年研发计划，装置种类逐年增多，截至年底自主研发形成了60种一体化集成装置，研发领域更加全面。依托产能建设和老油气田改造，积极推进一体化集成装置的研发试验、优化改进和应用推广工作，累计应用一体化集成装置1330台。相关统计如图2-336和图2-337所示。

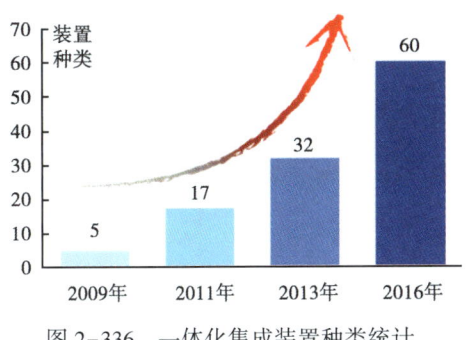

图2-336 一体化集成装置种类统计

图2-337 百万吨产能应用数量分年统计

一体化集成装置的规模化应用，在"三提、两降、一统筹"方面发挥了重要作用，累计平均减少占地面积60%，缩短建设周期50%，降低投资约20%；在老油气田改造、安全隐患治理、伴生气综合利用等工程也见到了良好效果（图2-338）。

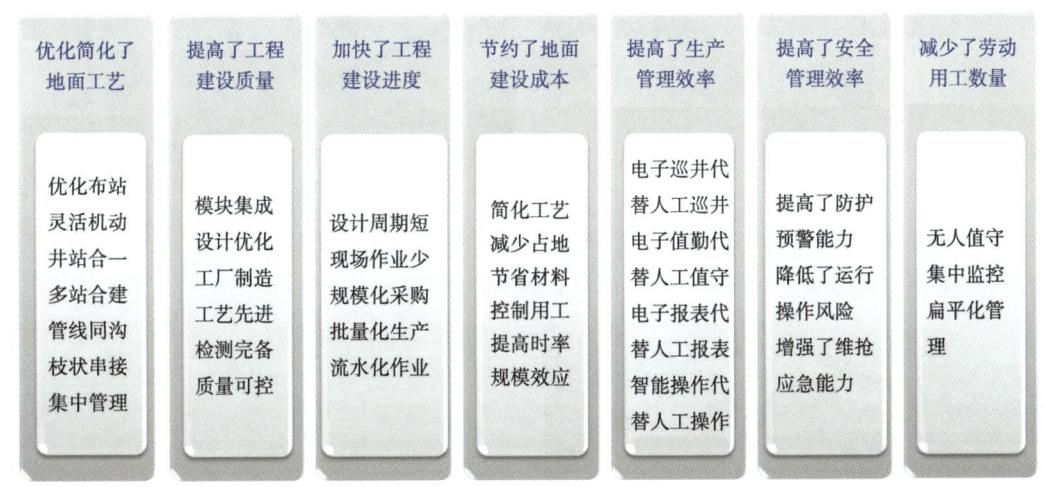

图2-338 标准化设计良好效果说明

一体化集成装置替代中小型站场比例逐年提高，2016年达到65%，2017年预期将达到69%，推广力度逐年加大。长庆油田一体化集成装置的研发应用遵循"循序渐进、持续改进、稳步推进、规模应用"的原则，从单套装置替代站内复杂工艺单元开始，逐渐扩大到采用组合装置替代大中型站场，呈现出了研发领域更加全面，推广力度逐年加大，应用效果越来越好的良好态势。图2-339至图2-345为一体化装置代替站场情况介绍。

图 2-339　一体化增压点（120~240m³/d）

图 2-340　一体化脱水站（300m³/d）

图 2-341　一体化接转站（400~600m³/d）

图 2-342　双层系一体化接转站
（240m³/d；400m³/d）

图 2-343　一体化供水站（1000~2000m³/d）

图 2-344　一体化水处理站（200~300m³/d）

图 2-345　一体化注水站（1500m³/d）

第十二节　总　　结

长庆油田地面工艺技术遵循"简短、实用、经济、快速、标准"的建设原则，结合黄土高原复杂的地形特点，以及超低渗透油田地质特点（低产、低压、低渗透、低孔）、开发特点（超前注水、滚动开发、快速建产、规模建设），从油田自身实际出发，优化系统布局、简化生产工艺、控制建设标准，通过采用井站共建、多站合建、油井功图计量、树枝状串接集油、油气混输二级布站、小站增压注水等工艺优化、简化了地面系统，同时推行标准化设计、模块化建设、数字化管理、市场化运作、社会化服务等措施，实现了"大规模建设、大油田管理"的目标。

长庆油田致密油藏分布范围广，是长庆油田未来发展的主攻方向，致密油地面工艺应结合油田实际和开发特点，在满足正常生产、功能完备的前提下，通过应用橇装一体化集成装置、井场增压一级布站等创新技术，优化简化地面工艺，形成致密油地面建设数字化、标准化、模块化，控制建设及运行投资，促进建设管理各方面工作开展，持续保障油田有质量、有效益开发。

第三章 气田工程

第一节 概 况

一、前言

鄂尔多斯盆地位于中国大陆中部，北起阴山，南抵秦岭，西自贺兰山、六盘山，东达吕梁山，盆地面积 $37×10^4 km^2$，是中国陆上第二大沉积盆地。横跨陕西、甘肃、宁夏回族自治州、内蒙古、山西 5 省（区）15 个地（市）61 个县（旗、区）。盆地北部是沙漠、草原；南部为黄土高原，山大沟深、梁峁交错，自然环境差。盆地内具有丰富的天然气资源，发育上、下古生界两套含气层系，主要分布在中北部及东部，地跨陕西省和内蒙古自治区两省区。1989 年在靖边下古探明当时国内最大的整装气田——靖边气田，随后又相继在上古生界探明了榆林气田、乌审旗气田、苏里格气田、米脂气田和子洲气田，天然气储量保持较大幅度的快速增长。为长庆气区天然气规模性开发及天然气产量的持续增长提供了资源保障。

长庆气田（气区）自 1993 年开始靖边气田试采以来，天然气生产规模逐年增加，2006 年随着苏里格气田规模有效开发，长庆天然气产量实现了跨越式发展，2007 年苏里格产量突破 $10×10^8 m^3$，气区产量突破 $100×10^8 m^3$，2010 年苏里格产量达到 $100×10^8 m^3$，长庆气区总产量跨越 $200×10^8 m^3$，2013 年产量达到 $330×10^8 m^3$，2014 年产量达到 $382×10^8 m^3$，2015 年产量达到 $375×10^8 m^3$，2016 年产量达到 $365×10^8 m^3$，2017 年产量达到 $367×10^8 m^3$。截至 2017 年年底，长庆气田已开发靖边、榆林、苏里格、子洲和神木等 5 个低渗透致密气田，具备年生产能力 $400×10^8 m^3$。共建成集气站 274 座；集气干线 69 条共 2385km；共建成净化厂 5 座、处理厂 10 座，设计净化（处理）能力达到 $507×10^8 m^3/a$。

近年来长庆气田形成了独具长庆特色的一整套气田地面工艺技术，研究创立了靖边、榆林、苏里格等一系列气田地面建设模式，同时，在标准化设计、数字化建设、橇装设备研发等的工作，为中国石油集团公司地面工程建设模式的转变起到了引领作用。

长庆气田是中亚、塔里木盆地、柴达木盆地天然气向沿海、华北、长江三角洲、朱江三角洲发达地区的必经之路，曾作为西气东输先锋气实现了向上海供气。目前已经形成了榆林、靖边两个外输气交接中心，连接外输管道 12 条，外输管线总里程超过 6000km，总输气能力 $539.3×10^8 m^3/a$，对北京、华北地区、西安和周边地区的民用天然气和工业天然气的平稳供气起到积极而重要作用。

二、开发历程

1994 年靖边气田陕 81 井组的先导性开发试验拉开了长庆天然气开发的序幕，1997 年依据探井生产方案，利用探井建产，在陕京、靖西输气管线的支持下进行探井试采。通过较大规模、较长时间的探井试采，对靖边下古气藏的地质及动态特征有了更深入的了解，为靖边气田的规模开发奠定了基础。

榆林气田从2001年进入开发评价阶段，2001—2005年，统一部署，分年实施，不断深入认识地质情况，逐步扩大有利建产区，保证了整体开发方案的顺利实施，2005年底形成了$20\times10^8m^3/a$的生产能力并稳产。

苏里格气田由发现到规模开发经历了一个曲折的发展过程，可分为三个阶段：第一个阶段（2001—2005年）用五年评价解决了认识问题。在该阶段开展了大量前期开发评价工作，认识到苏里格气田是低渗透、低压、低丰度的"三低"气田，提出了"面对现实、依靠科技、创新机制、简化开采、走低成本开发路子"的基本指导思想，解决了苏里格气田的认识问题；第二阶段（2005—2006年）在前期评价的基础上，引入市场机制合作开发，创建了苏里格气田"5+1"合作开发新模式，解决了苏里格气田大规模开发问题；第三个阶段（2007至今）重点解决如何提高开发水平和效益的问题，努力建设现代化的苏里格大气田。

图3-1和图3-2分别为长庆气田主要开发历程示意图和主要研发团队，开发过程生态和谐场景和高产井放喷如图3-3和图3-4所示。

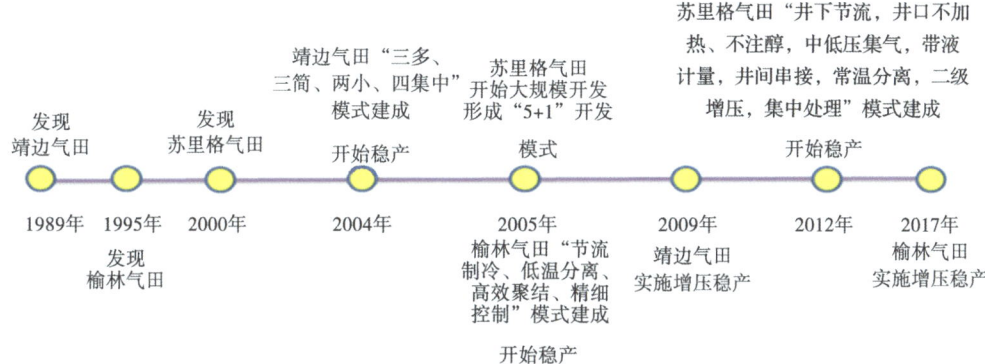

图3-1　长庆气田主要开发历程示意图

图3-2　长庆气田主要研发团队

图 3-3　生态和谐场景

图 3-4　高产井放喷

第二节　靖边气田地面工程

一、靖边气田简介

靖边气田（2001年前曾称为陕甘宁中部气田，后与榆林气田统称为长庆气田，2001年1月更名为靖边气田）是长庆气区天然气业务的发源地和主力气田之一，也是继四川气田之后20世纪80年代后期探明的我国陆上最大的世界级整装低渗透、低丰度、低产气田。1989年2月7日位于靖边县城东北8km处的"全国十口科学探井"之一的陕参1井获得无阻流量$28.3×10^4m^3$的工业气流（陕参1井试气效果如图3-5所示，现场井口安装如图3-6所示），拉开了鄂尔多斯盆地大规模天然气勘探的序幕，该井称为靖边气田的发现井。靖边气田的开发建设对于改善我国能源结构、加快西部开发、促进天然气工业发展、提高居民生活质量起到了积极作用，特别是对北京2008年成功举办"绿色"奥运做出了历史性的贡献。

图 3-5　陕参1井试气效果图

图 3-6　陕参1井现场井口安装图

靖边气田位于陕西省北部与内蒙古自治区交界处，处于鄂尔多斯盆地中部，北起内蒙古自治区乌审旗，南抵陕西省安塞县，东至陕西省横山县，西达陕西省定边县。涉及的行政区包括陕西省靖边县、横山县、安塞县、志丹县、榆林市榆阳区和内蒙古自治区乌审旗、鄂托克旗等县、市、旗。靖边气田隶属于长庆油田分公司第一采气厂管理。

靖边气田南部为黄土高原，北部和西北部为毛乌素沙漠南缘，地面海拔1120~1820m，系内陆性干旱、半干旱气候。夏季最高气温36℃，冬季最低气温-28℃，年平均气温7.8℃，昼夜温差大，雨量较少，年平均降水量418mm。冬春两季多风沙，典型地形地貌如图3-7所示。

图3-7 靖边气田典型地形地貌图

靖边气田交通便利。气田内主干公路已建成，向外西至银川，东至绥德、子洲、延安，南至西安，北至准格尔旗、呼和浩特等地，都有直达公路和正在修建的高速公路。银川、延安、榆林等地有铁路和机场与外地连接。

靖边气田开发层位是奥陶系下古生界的马家沟组，井深为3050~3700m，H_2S平均含量691mg/m³，CO_2含量在5.3%左右，平均单井产量$4.2\times10^4 m^3/d$。井距3~4km。

1993年完成了陕甘宁中部气田（靖边气田）总体开发方案，提出了"以销定产、以产定能、总体规划、优化设计、积木建设、滚动发展"的建设构想。地面规划建集气站43座、集配气总站1座、净化厂1座，建集气管线1246km。

1995年4月编制完成了"陕甘宁盆地中部气田探井生产方案"，在该方案的基础上结合总体开发方案于1995年7月完成了"陕甘宁中部气田$30\times10^8 m^3/a$产能建设一期工程"。陕甘宁中部气田开发建设开工典礼如图3-8所示。靖边气田采气厂成立如图3-9所示。

2000年以后，随着陕京管道、靖西管道、长宁管道等用户用气量的不断攀升及长—呼管道、西气东输管道的投运，气田供需矛盾日益加大。为适应用气量急剧增加的市场形势，2001年编制完成了"长庆气田、乌审旗气田、榆林气田南区整体开发方案（地面工程）"。

图 3-8　陕甘宁中部气田开发建设开工典礼

图 3-9　靖边气田采气厂成立

1997年6月29日靖西线点火仪式如图 3-10 所示,1998年9月26日长庆气田—银川供气仪式如图 3-11 所示。

图 3-10　1997 年 6 月 29 日靖西线点火仪式

图 3-11　1998 年 9 月 26 日长庆气田—银川供气仪式

2002 年，根据西气东输工程总体建设进度的要求，长庆气田要作为西气东输工程初期的先锋气田，在 2003 年第四季度向长江三角洲地区供气（2003 年 10 月 1 日，"西气东输"工程靖边气田—上海进气仪式如图 3-12 所示）因此，按照中国石油天然气股份有限公司的统一安排完成了"西气东输长庆气区 $85\times10^8 m^3/a$ 天然气产能建设方案"。

图 3-12　2003 年 10 月 1 日，"西气东输"工程靖边气田—上海进气仪式

2003 年底，靖边气田在已建成 $32\times10^8 m^3/a$ 产能的基础上，完成扩建 $23\times10^8 m^3/a$，按规划完成了年产 $55\times10^8 m^3$ 的产能建设任务。

2004 年起，靖边气田步入稳产阶段。

1993 年 11 月 5 日，靖边气田开始向榆林化工厂供气，拉开了靖边气田对外供气的序幕；1997 年 6 月 29 日，靖边气田开始向西安供气；1997 年 9 月 10 日，靖边气田开始向北京供气；1998 年 9 月 26 日，靖边气田开始向银川供气；2003 年 8 月 16 日，靖边气田开始向呼和浩特供气；2003 年 10 月 1 日至 2004 年 11 月 30 日，靖边气田向"西气东输"管线供气。截至 2017 年年底，累计供应天然气 $891.85\times10^8 m^3$，外供商品天然气达到国家Ⅱ类商品气质指标，保证了向北京、天津、西安、银川、石家庄、呼和浩特、延安、榆林等大中城市的安全平稳供气。

靖边气田被评为"高效开发气田"，下属的第一净化厂被中华全国总工会授予"全国五一劳动奖状"，被国家"西气东输"建设领导小组评为"西气东输"工程建设先进集体，工程建设获得国家优质工程银质奖 3 项，中国石油天然气集团公司金奖 3 项。

二、靖边气田地面工艺技术

靖边气田形成了以"三多、三简、两小、四集中"为主体工艺技术的靖边气田建设模式，工程获集团公司科技进步二等奖，国家优质工程铜奖。该模式不仅在长庆气田得到全面推广和应用，而且推广到四川油田、青海油田、新疆油田等油田，为我国天然气工业的发展起到了巨大作用。

主体工艺技术简介。

单归纳为"三多、三简、两小、四集中"。三多是指：多井集气、多井注醇、多井加热；三简是指：简化井口、简化布站、简化计量；两小是指：小型橇装脱水、小型发电机；四集中是指：集中净化、集中甲醇回收、集中监控、集中污水处理。

多井高压集气工艺典型工艺流程如图3-13所示。三甘醇脱水典型工艺流程如图3-14所示。

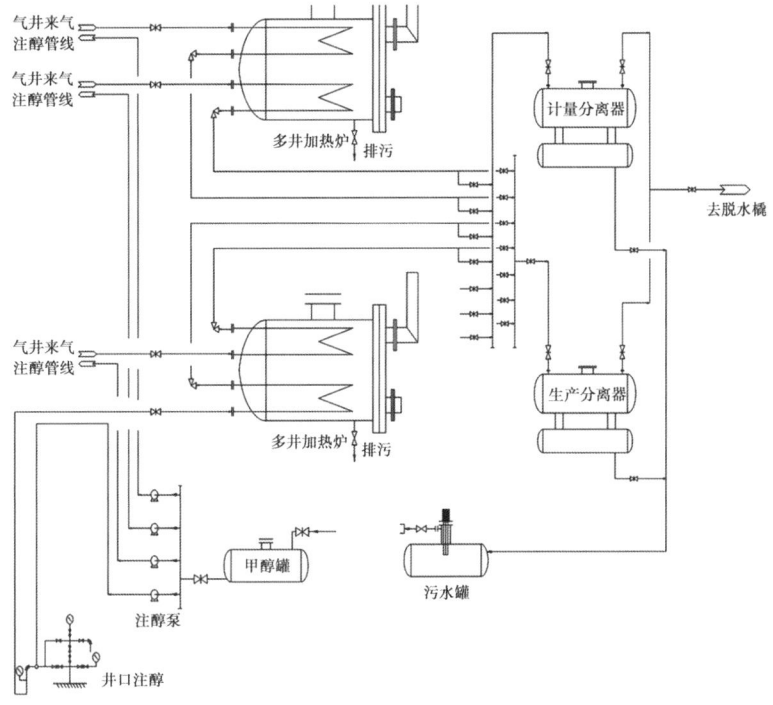

图3-13　多井高压集气工艺典型工艺流程图

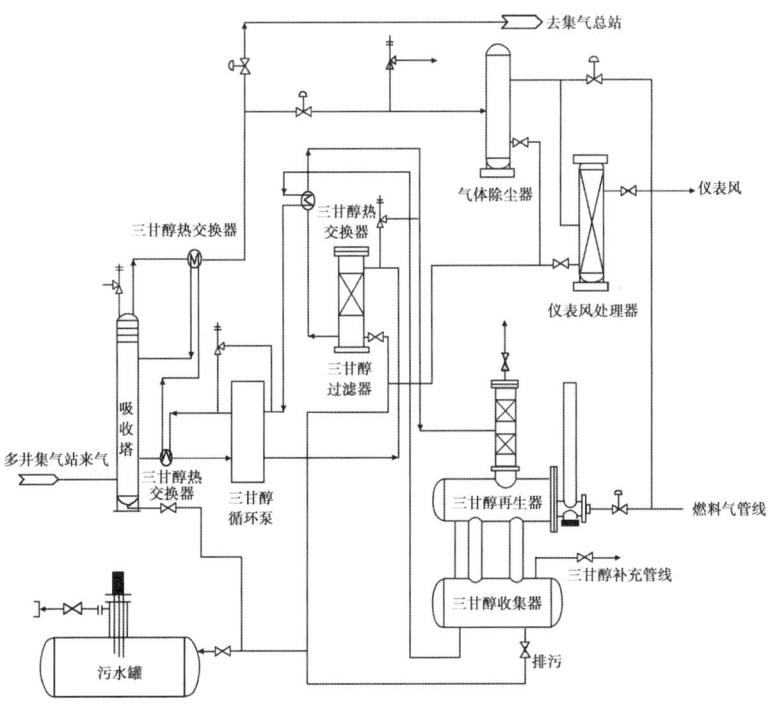

图3-14　三甘醇脱水典型工艺流程图

三、靖边气田地面建设主要工程量

截至 2017 年底，靖边气田共建成气井 1406 口，集气站 111 座；集气支线 108 条，共 1155km；集气干线 16 条，总长 694km，集输能力达到 $210.7×10^8m^3/a$；净化厂 5 座，设计净化能力 $136×10^8m^3/a$。

四、典型工程

靖边气田地面工程众多，本章选取十项具有典型代表性的产建工程、净化厂工程、增压试验工程和干线工程分别予以介绍。

1. 靖边气田 $55×10^8m^3/a$ 产建工程

设计时间：1997 年 2 月—2004 年 6 月。

投产时间：2005 年 5 月。

建设规模：$55×10^8m^3/a$。

项目简介：靖边气田 1997 年开始开发，2004 年建成，并保持稳产。气田建设总规模为 $55×10^8m^3/a$。截至 2018 年 9 月，已累计生产 $875×10^8m^3$。气田建设过程中形成了"三多、三简、两小、四集中"的主体工艺技术，首次大规模采用多井高压集气和多井高压集中注醇工艺，首次在集气站大规模采用单井间歇计量、多井加热炉节流和橇装三甘醇脱水工艺技术，首次在大型整装气田采用 SCADA 系统和小型天然气发电机组技术，技术先进性达到国内领先水平。

主要设计工程量：见本节三、靖边气田地面建设主要工程量。

主要工艺技术："三多、三简、两小、四集中"为主体的工艺技术。

获奖情况：

工程建设获得国家优质工程银质奖，中国石油天然气集团公司金奖。

靖边气田 $55×10^8m^3/a$ 产建工程相关记录图片如图 3-15 至图 3-22 所示。

图 3-15 靖边气田典型集气站图

图 3-16 靖边气田典型井口装置图

2. 靖边气田第一天然气净化厂工程

投产时间：1997 年 4 月。

建设规模：$39.6×10^8m^3/a$。

项目简介：靖边气田第一天然气净化厂隶属于第一采气厂，位于陕西省靖边县城北，占地 $22.0×10^4m^2$，始建于 1996 年 4 月 18 日，初期总体配套设计处理能力 $30×10^8m^3/a$。2003

图 3-17 集气站进站区

图 3-18 集气站分离器区

图 3-19 集气站加热炉区

图 3-20 集气站甲醇罐

图 3-21 集气站闪蒸分液罐

图 3-22 集气站脱水橇

年10月改扩建工程建成投产后，工厂总体处理能力达到 $39.6×10^8 m^3/a$，是当时亚洲地区最大的天然气净化厂，厂区绿化面积达到38%以上，被陕西省评为"绿色工厂"。1997年7月1日开始向西安供气，同年10月1日开始向北京供气，2003年10月1日，长庆天然气作为"西气东输"工程先锋气开始向上海等华东地区其他城市供气。

主要设计工作量：

工厂设计规模为 $39.6×10^8 m^3/a$，由5套 $200×10^4 m^3/d$ 的净化装置（脱硫脱碳、脱水装置）、1套 $400×10^4 m^3/d$ 的净化装置（脱硫脱碳、脱水装置）、1套硫黄回收装置和2套酸气焚烧及火炬放空系统组成，配套有供电、供热、供水、甲醇回收、污水处理等单元和消防系统。

主要工艺技术：

（1）甲基二乙醇胺（MDEA）选择性脱硫，复配溶液（MDEA、DEA）深度脱碳，三甘醇（TEG）脱水技术；

（2）美国霍尼韦尔公司 TPS 系统和罗斯蒙特公司 DELTAV 系统控制技术；

（3）CLINSULF-DO 直接氧化法处理天然气净化厂的低浓度酸气的装置。

获奖情况：

被中华全国总工会授予"全国五一劳动奖状"，工程建设获得国家优质工程银质奖，中国石油天然气集团公司金奖。

靖边气田第一天然气净化厂工程相关照片如图 3-23 至图 3-29 所示。

图 3-23　第一天然气净化厂全貌

图 3-24　脱硫脱碳装置区

图 3-25　第一天然气净化厂夜景

图 3-26　厂区大门

（a）西气东输供气外输区

（b）陕京线供气外输区

图 3-27　第一天然气净化厂外输区

图 3-28 第一天然气净化厂厂内装置区及管架

图 3-29 第一天然气净化厂除尘区

3. 靖边气田第二天然气净化厂工程

设计时间：1999 年 10 月。

投产时间：2001 年 10 月。

建设规模：$25 \times 10^8 m^3/a$。

项目简介：第二天然气净化厂位于内蒙古自治区乌审旗纳林河乡水清湾村境内，工厂总占地 $14.2 \times 10^4 m^2$，处理能力 $25 \times 10^8 m^3/a$。于 2001 年 10 月一次投产成功，是国家重点工程——"西气东输"工程总体部署的重要内容，商品气输往榆林，进入陕京管线。2003 年 9 月，部分商品气经长呼管线输往呼和浩特等城市。该工程对于保证北京、天津、呼和浩特及沿线城市平稳供气具有非常重要的意义。

主要设计工程量：

工厂设计规模为 $25 \times 10^8 m^3/a$，由 2 套 $400 \times 10^4 m^3/d$ 的净化装置（脱硫脱碳、脱水装置），1 套硫黄回收装置和 1 套酸气焚烧装置及火炬及放空系统组成，配套有供电、供热、供水、甲醇回收、污水处理等单元和消防系统。

主要工艺技术：

（1）增加塔盘数，由第一天然气净化厂的 14 块塔盘增加到第二天然气净化厂的 18 块，延长溶液与 MDEA 的接触时间；

（2）提高塔盘的堰高，延长溶液与 MDEA 的接触时间；

（3）提高 MDEA 的浓度，降低溶液的选择性，设计中溶液浓度为 40%~45%；

（4）提高溶液进塔的温度（45℃），降低溶液的选择性，提高脱除 CO_2 的能力。

获奖情况：

获得长庆石油勘探局科技成果进步一等奖，中国石油天然气集团总公司优秀设计一等奖，全国优秀工程设计铜奖。

靖边气田第二天然气净化厂工程如图 3-30 至图 3-33 所示。

图 3-30 靖边气田第二天然气净化厂装置区及管架

图 3-31 靖边气田第二天然气净化厂厂区大门

图 3-32 靖边气田第二天然气净化厂脱硫脱碳装置区

图 3-33 靖边气田第二天然气净化厂花园式厂区一角

4. 靖边气田第三天然气净化厂工程

设计时间：2002 年 4 月。

投产时间：2003 年 10 月。

建设规模：$10 \times 10^8 m^3/a$。

项目简介：第三天然气净化厂位于陕西省安塞县化子坪，占地约 $9.4 \times 10^4 m^2$，于 2002 年 4 月 30 日开始建设，2003 年 10 月 30 日建成投产，总体设计处理天然气 $10 \times 10^8 m^3/a$，下游用户主要为靖西天然气管道公司，负责向西安供气。

主要设计工程量：

工厂设计规模为 $10 \times 10^8 m^3/a$，由 1 套 $300 \times 10^4 m^3/d$ 的加拿大普帕克公司全橇装化的净化装置（脱硫脱碳、脱水装置）、1 套硫黄回收装置和 1 套酸气焚烧及火炬放空系统组成，配套有供电、供热、供水、甲醇回收、污水处理等单元和消防系统。

主要工艺技术：

（1）进口大型橇装脱硫脱水装置技术；

（2）全厂 DCS 控制系统进行集中控制技术；

（3）主装置加热采用热油炉技术；

（4）装置冷却采用空冷技术；

（5）国外先进的 MDEA 专利配方溶液。

靖边气田第三天然气净化厂工程如图 3-34 至图 3-37 所示。

图 3-34 靖边气田第三天然气净化厂厂区大门

图 3-35 靖边气田第三天然气净化厂集气区

图 3-36 靖边气田第三天然气净化厂
脱硫脱碳装置区

图 3-37 靖边气田第三天然气净化厂
污水处理装置区

5. 靖边气田第四天然气净化厂工程

设计时间：2012 年 4 月。

投产时间：2013 年 10 月。

建设规模：$30×10^8 m^3/a$。

项目简介：第四天然气净化厂位于志丹县保安镇张沟门村，占地面积 $8.76×10^4 m^2$，工程于 2012 年 8 月开工建设，2013 年 11 月建成投产。设计能力 $30×10^8 m^3/a$。产品气接入定西线，输往西安。该工程对于保证西安及沿线城市平稳供气具有非常重要的意义。

主要设计工程量：

工厂由 2 套 $450×10^4 m^3/d$ 的净化装置（脱硫脱碳、脱水装置），1 套硫黄回收装置和 1 套酸气焚烧装置及火炬及放空系统组成，配套有供电、供热、供水、甲醇回收、污水处理等单元和消防系统。

主要工艺技术：

（1）采用 MDEA/DEA 混合溶液脱硫脱碳、TEG（三甘醇）脱水工艺技术；

（2）导热油炉供热技术；

（3）全厂采用 DCS/ESD 系统，设置 F&GS 系统；

（4）脱硫吸收塔设置了三个贫液进料口（12 层、16 层、20 层）；

（5）脱硫脱碳装置贫液/富液换热器采用易清洗的管壳式换热器；

（6）甲醇回收装置采用双塔流程，一塔提馏塔，一塔精馏塔；

（7）甲醇储罐采用氮气保护措施，确保储罐安全运行。

靖边气田第四天然气净化厂工程如图 3-38 和图 3-39 所示。

(a) 白天俯瞰全貌

(b) 夜晚俯瞰全貌

图 3-38 靖边气田第四天然气净化厂厂区全貌

(a)二层平台

(b)集配气区

(c)导热油炉及管架

(d)装置区

图 3-39 靖边气田第四天然气净化厂装置区一角

6. 靖边气田第五天然气净化厂工程

设计时间：2013 年 5 月。

投产时间：预计 2015 年 12 月。

建设规模：$30 \times 10^8 m^3/a$。

项目简介：第五天然气净化厂位于内蒙古自治区乌审旗八音柴达木乡南约 3km，毗邻苏里格第六天然气处理厂西侧 50m，距离乌审旗约 27km，设计总规模 $30 \times 10^8 m^3/a$，全厂占地面积约 $9.7 \times 10^4 m^2$。外输气输往榆林陕京线，预计 2015 年 12 月建成投产。

主要设计工程量：

工厂由 2 套 $450 \times 10^4 m^3/d$ 的净化装置（脱硫脱碳、脱水装置），1 套硫黄回收装置和 1 套酸气焚烧装置及火炬及放空系统组成，配套有供电、供热、供水、甲醇回收、污水处理等单元和消防系统。

靖边气田第五天然气净化厂工程相关记录图片如图 3-40 至图 3-47 所示。

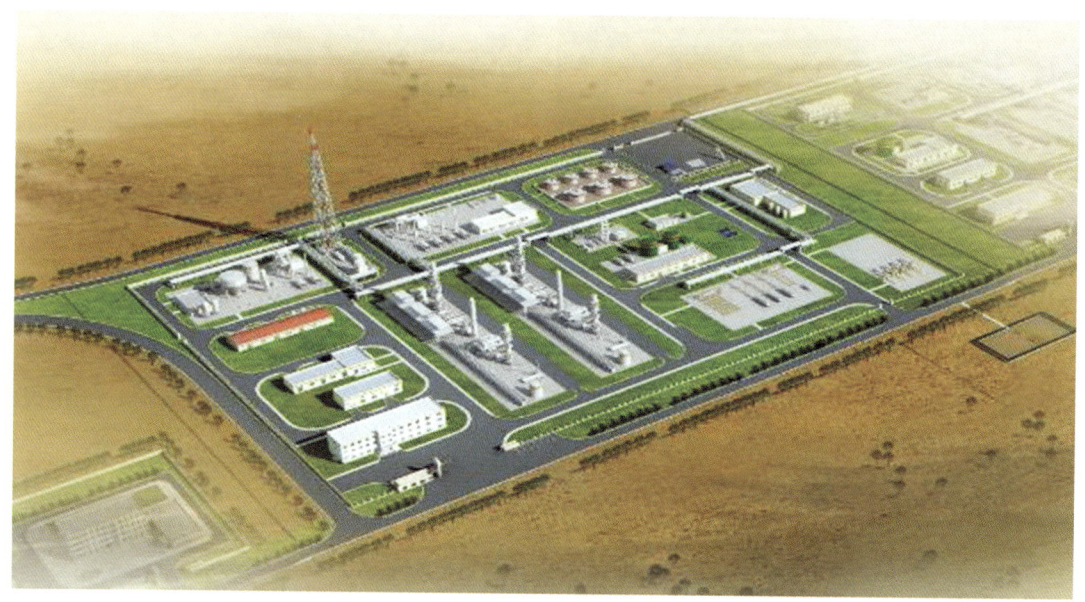

图 3-40 靖边气田第五天然气净化厂厂区渲染图

（a）正前方正视效果

（b）正前方俯视效果

图 3-41 靖边气田第五天然气净化厂厂区全貌

123

图 3-42 靖边气田第五天然气净化厂脱硫脱碳装置区

图 3-43 靖边气田第五天然气净化厂配气区

(a) 采出水沉降除油罐区

(b) 新鲜水罐区

图 3-44 靖边气田第五天然气净化厂罐区

图 3-45 靖边气田第五天然气净化厂分离器区

图 3-46 靖边气田第五天然气净化厂清管区图

图 3-47 靖边气田第五天然气净化厂厂区管架

7. 靖边气田陕66井区增压试验工程

设计时间：2005年9月—2007年12月。

投产时间：2008年1月。

建设规模：23.52×10⁴m³/d。

项目简介：靖边气田陕66井区增压试验工程试验站为南-3集气站，站内压缩机组选用美国库伯公司生产的DPC2804低速整体往复式压缩机组1台。

靖边气田经过20多年的滚动开发和产能建设，气藏资源和地层能量迅速衰竭，单井压力持续下降，部分单井压力接近输压，甚至有些气井井口流动压力已不能使所生产的天然气进入集输管网，因此，靖边气田已经进入开发中后期的低压开发阶段。

该工程是靖边气田整体增压开采的重要系统工程，通过本工程增压集输工艺模式的试验研究摸索一套适用于靖边气田的增压集输工艺，为顺利实现靖边气田整体增压稳产规模提供行之有效的技术支撑，使靖边气田顺利实现可持续发展，也为我国同类气田集输系统增压提供一种实用性和通用性较强的建设模式。

主要工艺技术：

（1）对靖边气田中、后期开发提出了"整体规划、分期实施、先导试验、不断完善"的整体增压集输工艺，促进靖边气田可持续健康发展。

（2）压缩机组采用进口低速整体往复式压缩机组，与中、高速分体式压缩机相比，具有维护简单，安装方便，效率高，运行成本低等优点。

（3）压缩机采用燃气发动机驱动，能耗低，与相同功率的电机驱动的压缩机组相比，年运行费用相当于电机驱动压缩机组运行费用的1/3，通过转速调节及余隙调节可满足多种变工况运行的要求，降低机组燃气及其他公用消耗。

靖边气田陕66井区增压试验工程有关图片如图3-48、图3-49所示。

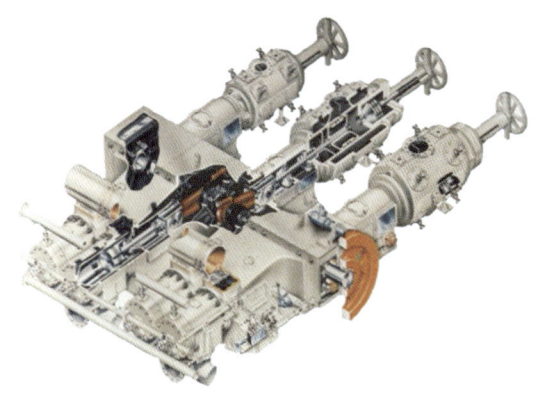 

图3-48　整体式压缩机结构示意图　　　　图3-49　站内整体式增压机组

8. 靖边气田北四干线工程

投产时间：2011年12月。

建设规模：22×10⁸m³/a。

项目简介：北四干线完善了靖边气田北区管网，解决了管网能力不足的问题，保证了气田55×10⁸m³/a规模长期稳产，保证了集输管网安全、平稳运行，解决了苏里格气田下古原料气集输及净化需求，满足了气田冬季高峰期供气需求，促进了下游经济发展及社会稳定。

主要设计工程量：

靖边气田北四干线起自苏里格气田苏东-5集气站，终于靖边气田第二天然气净化厂，管线全长72km，管径为φ508×10（11），设计压力6.3MPa，设计输气能力$22×10^8 m^3/a$。管线采用L360抗硫螺旋缝埋弧焊钢管；全线新建RTU阀室2座等工程量；配套建设砂石路面伴行路42km。

主要工艺技术：

（1）复杂、特殊地段选线、设计技术；

（2）抗硫化氢管材选材技术；

（3）管线穿越电气化铁路排流保护技术；

（4）风光互补发电技术；

（5）RTU远程终端控制技术。

获奖情况：

该项目获陕西省优秀咨询成果二等奖，长庆油田分公司优秀设计二等奖。

靖边气田北四干线工程如图3-50至图3-53所示。

（a）管道焊接现场

（b）管道敷设现场

图3-50　北四干线施工现场

图3-51　北四干线清管器装置

图3-52　北四干线线路截断阀室

(a) 河流护岸　　　　　　　　　　(b) 冲沟护岸

图 3-53　北四干线河流（冲沟）护岸

9. 长宁管道靖边压气站工程

投产时间：2006 年 3 月。

建设规模：$10.75 \times 10^8 \mathrm{m}^3/\mathrm{a}$。

项目简介：陕甘宁气田至银川输气管道靖边压气站工程位于陕西省靖边县城北、宁夏长宁天然气有限责任公司靖边首站站内，是在陕甘宁气田至银川输气管道一期工程的基础上的技术改造工程。

主要设计工程量：

建设 2 套燃气轮机驱动的离心式压缩机组及其配套部分。

主要工艺技术：

（1）选用美国索拉公司生产的半人马 40/C334 燃压机组；

（2）防喘振回路优化技术；

（3）机组自动放空技术；

（4）燃压机组厂房降噪技术；

（5）复杂的地基基础以及不规则基础平面情况下大型振动设备避免共振技术；

（6）砂土地区大型离心高频压缩机地基在设备运转振动下抗液化技术。

长宁管道靖边压气站工程相关图片如图 3-54、图 3-55 所示。

图 3-54　靖边压气站站内离心式压缩机组　　　图 3-55　靖边压气站压缩机厂房及配气区安装

10. 靖边气田 SCADA 系统

1）中国陆上第一套完整的气田 SCADA 系统

1997年靖边气田建成了包括一套中心控制系统和19座集气站站控系统的陕甘宁中部气田 SCADA 系统，该系统为当时中国陆上第一套完整的气田 SCADA 系统。经十数年不断扩建，截至2017年底建成了包括111套集气站站控系统、5套净化厂 DCS 及1套靖边调控中心在内的完整的一体化全厂数据采集和监控系统。

2）天然气贸易交接计量在线固定核查装置

该装置于2007年在第一净化厂建成3路测试管路（DN250、DN200、DN150），选用 DN300 五声道超声波流量计作为核查标准，具备对天然气贸易计量流量计的在线实流检定的能力。近几年来，长庆检定点共对长庆气田70余台贸易流量计进行了在线检定。

靖边气田 SCADA 系统如图3-56至图3-59所示。

图3-56　第二天然气净化厂中心控制室 DCS

图3-57　靖边调控中心

图3-58　天然气在线实流检定车工作图

图3-59　第一天然气净化厂固定核查装置

第三节　榆林气田地面工程

一、榆林气田简介

榆林气田（先与靖边气田统称为长庆气田或陕甘宁中部气田，后改为"长庆气田榆林区"，2001年以后称榆林气田）是长庆油田在鄂尔多斯盆地最早探明和开发的上古生界气田，是长庆油田继靖边气田后第二个大规模开发的气田，也是典型的"低渗透、低压、低丰度"的"三低"气田。区域包括榆林气田南部自营区（榆林南区）、与壳牌合作开发的中区和北区（长北合作区），创建了"自主开发+国际合作"的榆林气田开发模式，隶属于长庆油田分公司第二采气厂。1995年7月10日长北合作区合作签字仪式（图3-60）。

图3-60　1995年7月10日长北合作区合作签字仪式

1995年，陕9井山2气层获得无阻流量 $15.04×10^4 m^3$ 的工业气流，成为榆林气田发现井，1996年5月陕141井获得无阻流量 $76.78×10^4 m^3/d$ 的高产气流（图3-61）。2000年12月12日，第二采气厂成立（图3-62）。

图3-61　1996年5月陕141井获得无阻流量　　　图3-62　2000年12月12日第二
　　　　$76.78×10^4 m^3/d$ 的高产气流　　　　　　　　　　采气厂成立仪式

榆林气田位于陕西省榆林市和内蒙古自治区，勘探范围北起内蒙古南部的阿拉泊，南至陕西横山县塔湾，西邻靖边县，东抵神木县双山。南北长104km，东西宽82km，面积8500km²。气田被无定河一分为二，无定河以北为毛乌素沙漠南缘，沙丘高达数十米，呈半固定状，有绿色植被覆盖；无定河以南为黄土丘陵地区，沟壑纵横，地形破碎。

榆林气田所属区为暖温带和温带半干旱大陆性季风气候，四季分明，昼夜温差大，无霜期短，夏季最高气温38℃，冬季最低气温-28℃，年平均气温10℃，年降水量438mm，时而伴有沙尘暴、干旱、霜冻、暴雨、大风和冰雹等灾害性气候。

榆林气田东临210国道，榆林—靖边高速公路由东北向西南穿越气田，县镇级公路、气田自建公路、砂石路直通各井站，交通发达；区内村镇人口稀少，各站安装油田内部电话，中国移动和中国联通无线通信网络覆盖整个气田，通信便捷。

榆林气田开发层位是奥陶系上古生界的山西组，井深为2650～3050m。微含硫，CO_2含量在1.7%左右，含有少量轻烃；平均单井产量$5×10^4m^3/d$，井距1.3～3km。

2005年11月28日，榆林天然气处理厂建成投产（图3-63），2005年12月，第二采气厂榆林倒班点全面建成（图3-64），2006年12月14日，长北天然气处理厂竣工投产（图3-65）。

图3-63 2005年11月28日榆林天然气处理厂建成投产

图3-64 2005年12月第二采气厂榆林倒班点全面建成

图3-65 2006年12月14日长北天然气处理厂竣工投产

榆林气田的发展历程，不仅表明长庆油田已经突破了上古生界砂岩气藏有效开发的技术"瓶颈"，形成了具有榆林气田特色的"开发、工艺、管理"模式，而且走出了一条与国际大石油公司合作开发的新路子。"榆林南区产能建设"先后获得了"新气田产能建设优秀项目""2005年度优质工程奖""石油优质工程金质奖"和"国家优质工程银质奖""高效开发气田"等荣誉称号。

二、榆林气田（榆林南区）地面工艺技术

榆林气田（榆林南区）在面对没有成熟经验可以借鉴等困难的情况下，充分发挥自主创新的能力，形成了以"多井高压集气、集中注醇、轮换计量、前期低温分离分散净化、后期常温分离集中净化"为主体的榆林气田地面工艺建设模式，建成了国内第一座采用低温冷凝法脱油、脱水工艺处理的天然气处理厂，为后续建设的类似气田等提供了成熟可靠的经验。至2017年年底气田保持$20×10^8 m^3/a$始终平稳运行，源源不断向北京供气。

主体工艺技术：

（1）节流制冷低温脱油脱水技术；
（2）气液聚结分离技术；
（3）多井加热和多井预冷技术；
（4）多点温度自动控制；
（5）甲醇雾化工艺；
（6）多井高压集气、多井高压集中注醇工艺；
（7）简化计量工艺；
（8）双泵头注醇工艺。

三、榆林气田地面建设主要工程量

榆林气田分榆林气田南区和长北合作区。

榆林气田南区建成集气站12座，集气干线5条共86km，建处理能力$20×10^8 m^3/a$天然气处理厂1座。

长北合作区建成井场9座，集气站3座，集气干线2条共53km，建处理能力$30×10^8 m^3/a$天然气处理厂1座。

四、典型工程

榆林气田地面工程众多，这里选取6项具有典型代表性的产建工程、处理厂工程、抢险维修中心和气田SCADA系统分别予以介绍。

1. 榆林气田南区$20×10^8 m^3/a$产建工程

设计时间：2001年2月—2004年6月。

投产时间：2005年2月。

建设规模：$20×10^8 m^3/a$。

项目简介：榆林气田南区是长庆油田第二个大规模开发的气田，是向陕京二线供气的主力气田。榆林气田南区不同于靖边气田，具有自己的特点。

（1）天然气中的H_2S和CO_2含量少，含有一定量的C_{6+}重组分，平均$1×10^4 m^3$天然气可产约$0.044 m^3$凝析油，约产$0.16 m^3$地层水，属低含凝析油的湿天然气。

（2）气井关井压力高，压降慢，井距小，是靖边气田井距的1/2。

（3）气田位于沙漠和黄土丘陵结合带，地形变化大，自然条件差。

主要设计工程量：

榆林气田南区2005年建设完成。榆林天然气处理厂设计规模$20×10^8 m^3/a$，设两套脱油脱水装置，单套处理规模为$300×10^4 m^3/d$。同时还设有凝析油处理装置、甲醇污水处理装

置、供水站、空氮站、自控化验楼等系统配套工程，全厂总占地 63349.4m²。

主要工艺技术：

图 3-66 榆林集气站全貌

榆林气田南区集输流程形成了一整套适合含水，含 C_{6+}，微含 H_2S 和 CO_2，滚动开发的"多井高压集气、集中注醇、轮换计量、前期低温分离分散净化、后期常温分离集中净化"的榆林气田模式，特别是采用的"节流制冷、低温分离、高效聚结、精细控制"低温集气工艺技术，简化了天然气处理流程，达到国内领先水平，为开发低产、低渗透、低含凝析油的气田提供了技术和经验。

获奖情况：

榆林南区产能建设被中国石油股份公司授予"新气田产能建设优秀项目"，先后荣获"2005年度优质工程银质奖""高效开发气田"、2008年度"石油优质工程金质奖"和"国家优质工程银质奖"等荣誉。

榆林气田南区 $20×10^8 m^3/a$ 产建工程相关记录图片如图 3-66 至图 3-69 所示。

图 3-67 榆林集气站内阀组区

图 3-68 榆林末站除尘分离器区

(a) 计量、生产分离器及聚结分离器区

(b) 外输计量区

图 3-69 榆林集气站装置区一角

2. 榆林天然气处理厂

设计时间：2004年2月—2005年6月。

建设规模：$20\times10^8m^3/a$。

项目简介：榆林天然气处理厂位于榆林市榆阳区芹河乡，占地面积$6.53\times10^4m^2$，其前身为2001年10月建成的第二集配气总站，2003年11月，新增污水处理装置1套、$300\times10^4m^3/d$天然气处理装置2套，同年11月28日，正式命名为榆林天然气处理厂，并投入运行。2005年建天然气处理装置、甲醇回收装置，设计年处理能力$20\times10^8m^3$，污水年处理能力$8\times10^4m^3$，年配气能力$20\times10^8m^3$。主要承担榆林南区干线来气的处理和靖边气田第二净化厂、子洲气田、米脂气田来气的调配转输工作。是长庆气区向华北地区供气的枢纽和咽喉。

主要设计工程量：

厂内主要生产装置有$300\times10^4m^3/d$脱烃、脱水装置2套，$150m^3/d$甲醇回收装置1套，$100m^3/d$甲醇回收装置1套，建有供风、供水、供电、供热、自控及消防等辅助生产设施。

主要工艺技术：

长庆气田第一套低温冷凝法脱油、脱水工艺，环保健康的丙烷制冷工艺，高效旋流低温分离技术。

获奖情况：

榆林天然气处理厂采用的小压差低温脱水、脱烃技术被中石油股份公司评为"油气田开发优秀项目"和"油气田开发先进技术"。榆林天然气处理厂工程荣获2008年度"石油优质工程金质奖"和"国家优质工程银质奖"。

榆林气田南区$20\times10^8m^3/a$产建工程如图3-70至图3-73所示。

图3-70 榆林天然气处理厂全貌

图3-71 榆林天然气处理厂厂区大门

图3-72 榆林天然气处理厂厂内除尘计量区

图3-73 榆林天然气处理厂厂内装置区一角

3. 长北天然气中央处理厂

投产时间：2007年12月。

建设规模：$33×10^8 m^3/a$。

项目简介：长北天然气处理厂位于榆林市马家峁西南侧1.5km处，距榆林市25km处，占地约$11.26×10^4 m^2$。2005年8月16日开工建设，12月14日正式向陕京二线榆林增压站外输合格商品天然气。天然气处理采用J-T阀节流致冷低温分离进行脱水、脱烃工艺，投产初期为充分利用气田压力能，集气系统运行压力7.0~7.5MPa，二期工程于2008年7月建设2套$500m^3/d$丙烷制冷脱水脱烃装置和$1000×10^4 m^3/a$的增压装置。配套建有凝析油稳定装置、甲醇再生装置各1套，产品气输往陕京增压站。

主要设计工程量：

厂内主要生产装置有$500×10^4 m^3/d$脱烃、脱水装置2套，4套燃气驱动往复式压缩机组，$200m^3/d$甲醇回收装置1套，$60m^3/d$凝析油稳定装置1套，建有供风、供水、供电、供热、自控及消防等辅助生产设施。

主要工艺技术：

根据气田开发初期压力高、后期压力降低的特点，前期J-T阀节流，后期压缩机增压、丙烷制冷。

获奖情况：

长北天然气中央处理厂及气田开发由于建设的优质高效，被壳牌誉为"全球开发的典范"。

长北天然气中央处理厂工程如图3-74至图3-81所示。

图3-74　长北天然气中央处理厂鸟瞰图

图3-75　长北天然气中央处理厂厂区大门

图3-76　长北天然气中央处理厂厂内装置区一角

图3-77　长北天然气中央处理厂低温冷凝脱水脱烃装置

图 3-78　长北天然气中央处理厂配气区外输计量装置

图 3-79　长北天然气中央处理厂集气区段塞流捕集装置

图 3-80　长北天然气中央处理厂增压系统

图 3-81　长北天然气中央处理厂中控室

4. 国家石油天然气大流量计量站榆林检定点

设计时间：2015年1月—2017年6月。

投产时间：建设中。

建设规模：最大检定流量8000m³/h（工况）。

项目简介：榆林检定点位于榆林市榆阳区芹河乡，建设在长庆油田第二采气厂榆林第二末站旁，与第二末站工艺系统并联设置，占地 $1\times10^4 m^2$。主要建设天然气流量检定工作级标准装置1套和次级标准装置1套，以及配套设施和建筑，共设置 DN100~DN300 检定台位 5 路，检定用气取自榆林第二末站苏里格气田第六天然气处理厂来气，可对长庆油田及周边用户 DN50~DN300 流量计进行实流检定，年检定能力 300~350 台。

主要设计工程量：

站内主要检定标准装置有工作级标准装置1套，不确定度优于 0.33%，工况流量范围 20~8000m³/h；次级标准装置1套，不确定度优于 0.25%，工况流量范围 10~4000m³/h；检定台位 5 路，检定流量计口径 DN50~DN300。

站内主要工艺系统由过滤器 2 台、稳压系统 1 套、越站流量调节系统 1 套、检定流量调节系统 1 套和旁路流量调节系统 1 套。

站内主要配套设施有空氮站 1 座、消防泵房及消防水罐 1 套、综合值班楼 1 座、流量计收发室 1 座、工艺设备棚 1 座和检定厂房 1 座。

主要工艺技术：

（1）检定采用天然气实流检定工艺，检定用气同时通过被检流量计和标准装置，通过参数的对比对被检流量计进行检定和校准。

（2）根据榆林地区管网压力平衡的现状，取排气工艺采用上游增压下游直排的工艺。次级标准工作时，提高上游处理厂压力，确保次级标准装置的文丘里喷嘴达到临界流。

国家石油天然气大流量计量站榆林检定点如图3-82至图3-85所示。

图3-82　榆林检定点俯视渲染图

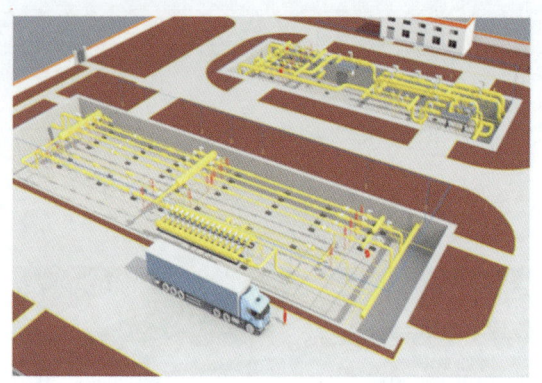

图3-83　榆林检定点管网渲染图

图3-84　榆林检定点鸟瞰图

图3-85　榆林检定点计量检定装置

第四节　苏里格气田地面工程

一、苏里格气田简介

苏里格气田勘探初期称为"长庆气田苏里格庙区"。2001年1月更名为"苏里格气田"。苏里格气田于2000年发现，2001年开发早期介入，2002年苏6井区先导性试验区投入试采，2004年在陕西太白山召开"苏里格气田专题研讨会"，会议形成"坚定信心、面对现实、依靠科技、创新机制、低成本开发苏里格气田"的认识。2005年在苏14重大开发试验区进行10项重要试验，集成创新12项适合苏里格气田特殊地质条件的配套开发技术，2005年长庆油田分公司召开苏里格气田合作开发招标会，拉开了苏里格气田合作开发的序幕，经过几年的开发建设，总规模达到了 $230\times10^8\text{m}^3/\text{a}$，开发过程形成了独具特色的"六统一、三共享、一集中"的"5+1"的合作开发模式、"三大系列十二项主体开发技术""标准化设计、模块化建设"为主导历年的建设模式，得到集团公司的充分肯定。

2000年8月26日，位于内蒙古自治区苏里格庙地区的苏6井获得 $120.16\times10^4\text{m}^3/\text{d}$ 的高产工业气流，标志着苏里格气田的发现（图3-86）；苏里格气田功勋井——苏6井（图3-87）；2002年3月胡文瑞（2011年12月当选中国工程院院士）在苏里格气田现场办公（图3-88）；2002年5月22日，国家科技部在北京召开新闻发布会，介绍苏里格气田天然气勘探获得重大突破（图3-89）；2006年11月，苏里格气田第一天然气处理厂投产庆典（图3-90）。

图 3-86　2000年8月26日，苏6井获 $120.16\times10^4\text{m}^3/\text{d}$ 高产工业气流

（a）领导题词　　　　　　　　　　　　　（b）苏6井井口

图 3-87　苏里格气田功勋井——苏6井

图3-88 2002年3月胡文瑞（2011年被评为中国工程院院士）在苏里格气田现场办公

图3-89 2002年5月22日，国家科技部在北京召开新闻发布会，介绍苏里格气田天然气勘探获得重大突破

图3-90 2006年11月苏里格气田第一天然气处理厂投产庆典

苏里格气田行政区划属内蒙古自治区鄂尔多斯市，西起鄂托克前旗，东至乌审旗，南到陕西省定边县，北抵鄂托克后旗。苏里格气田地处鄂尔多斯盆地西北部，气田北部地表为沙漠、碱滩和草原区，海拔1200~1350m，地表地形相对高差20m左右，地势相对平坦；南部为黄土塬地貌，海拔1100~1400m，沟壑纵横、梁峁交错、地形地貌复杂图，苏里格气田典型地貌如图3-91所示。

苏里格地区为大陆性半干旱季风气候，夏季炎热。冬季严寒；昼夜温差大，无霜期短；冬春两季多风沙；降水量小、蒸发量大，气候干燥。冬季最低气温为-38℃，夏季气温最高为36℃。

苏里格气田是我国陆上最大的整装气田，总规模$230\times10^8 m^3/a$，开发层系主要为二叠系下石盒子组盒8及山西组山1气藏，是典型的低孔、低渗透、致密天然气藏，地质情况复杂，非均质性强；单井产量低，平均只有$1\times10^4 m^3/d$左右，且稳产能力差；压力递减速度快，气井原始地层压力高达25MPa以上，开井后压力短期内（6~8个月）下降到5MPa以下。

(a)苏里格气田典型地貌——流动沙丘

(b)苏里格气田典型地貌——固定沙丘

图 3-91　苏里格气田典型地貌图

苏里格气田是 21 世纪初期我国陆上发现的第一个特大型"低压、低渗透、低丰度"的"三低"气田。苏里格气田的开发方略，开发技术、开发模式为低渗透、特低渗透天然气资源的有效开发和利用探索积累了可借鉴的经验，对促进我国天然气工业的快速发展具有重大意义。苏里格气田的经济有效开发，成为 21 世纪向北京、西安等 18 个大中城市安全平稳供气的主要气源之一，也使处于我国东西部结合地区的长庆气区更加凸现了横贯东西的陆上天然气供输管网的中心枢纽作用，为缓解我国天然气供需矛盾、改善燃料结构、净化空气质量、特别是作为长庆气区向 2008 年北京成功举办绿色奥运会的供气气源之一，做出了重大贡献。

苏里格气田地面工艺技术经历了"前期试采—研究试验—总结定型—全面推广"的过程。开发历程如图 3-92 所示。以"中低压集气、标准化设计、数字化管理、一体化建设"为核心的地面工艺技术全面支撑了苏里格气田地面工程低成本、高质量建设，美丽的苏里格如图 3-93 所示。

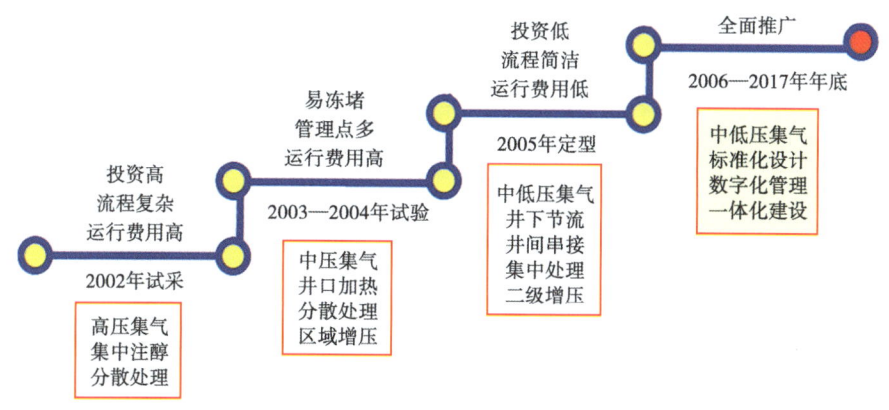

图 3-92　苏里格气田开发历程图

图 3-93　美丽的苏里格

二、苏里格气田地面工艺技术

苏里格气田地面建设通过技术创新、管理创新、理念创新，形成了 3 项新模式和 23 项新工艺、新技术见表 3-1 和表 3-2；研发了 5 项一体化集成装置及 6 项关键设备，同时采用了 14 项高效设备，见表 3-3，各项指标均达到了国内领先水平，对苏里格气田的经济、有效、规模开发起到了关键的作用。

表 3-1　苏里格气田 3 项新模式统计表

序号	名　　称
1	创新了"六统一、三共享、一集中"的合作开发新模式
2	创新了以"井下节流、井口不加热、不注醇、中低压集气、湿气计量、井间串接、常温分离、二级增压、集中处理"为核心的国内第三套气田地面工艺模式
3	创新了"区块交接、湿气输送，统一处理"的气田管网新模式

表 3-2　苏里格气田 23 项新工艺新技术统计表

序号	名　　称
1	形成了"标准化设计"技术
2	首次大规模采用井下节流工艺
3	形成了气井井间串接工艺
4	大规模采用单井生产数据采集技术
5	大规模应用紧急关断阀
6	形成了井口湿气带液计量工艺
7	形成了两地两级增压技术
8	形成了橇装移动注醇解堵工艺
9	形成了集气站常温分离、中低压湿气输送工艺

续表

序号	名称
10	形成了无固定连接基础压缩机应用技术
11	形成了非增压集气站橇装化技术
12	形成了"区块交接、湿气输送、统一处理"的气田管网新模式
13	形成了前增压后丙烷制冷脱油脱水的主体工艺
14	形成了天然气大压缩机组的应用技术
15	形成了天然气段塞流捕集技术
16	采用了音速火炬技术
17	形成了以DCS为基础的全厂一体化监控系统应用技术
18	形成了三维设计应用技术
19	形成了气田数字化管理技术
20	形成了湿气输送制管选择技术
21	形成了高水位地段集输管线设计技术
22	形成了沙漠地区道路设计技术
23	形成了沙漠地区环境保护技术

表3-3 一体化集成装置、关键设备和高效设备统计表

序号	名称
一	一体化集成装置
1	$50\times10^4 m^3/d$ 天然气集气一体化集成装置
2	$100\times10^4 m^3/d$ 天然气集气一体化集成装置
3	电控一体化集成装置
4	无固定连接基础压缩机橇
5	凝析油稳定橇
二	关键设备
1	井口紧急截断阀
2	卧式高效分离器
3	强制旋流吸收吸附气液分离器
4	双筒式闪蒸分液罐
5	旋风分离式火炬
6	段塞流捕集器
三	高效设备
1	卧式高效天然气分离器
2	国产橇装天然气压缩机
3	无固定连接基础压缩机
4	闪蒸分液罐
5	一体化集气集成装置
6	井口高低压紧急截断阀
7	旋风分离火炬
8	国内最大的往复式压缩机
9	丙烷制冷设备
10	音速火炬

续表

序号	名称
11	段塞流捕集器
12	甲醇回收装置
13	凝析油稳定橇
14	导热油装置

苏里格气田形成的以"井下节流、井间串接、中低压集气"为核心的苏里格气田中低压集气模式，形成了以标准化设计为核心的"四化"管理模式，建成了数字化的苏里格大气田，突破了传统的气田设计及管理模式，开拓了行业发展的新方向，达到了国际领先水平，是"三低"气田经济有效开发的典范，两次获国家级优质工程银质奖和国家优秀工程咨询奖。苏里格气田地面集输工艺总流程如图3-94所示，设计人员方案讨论过程如图3-95所示。

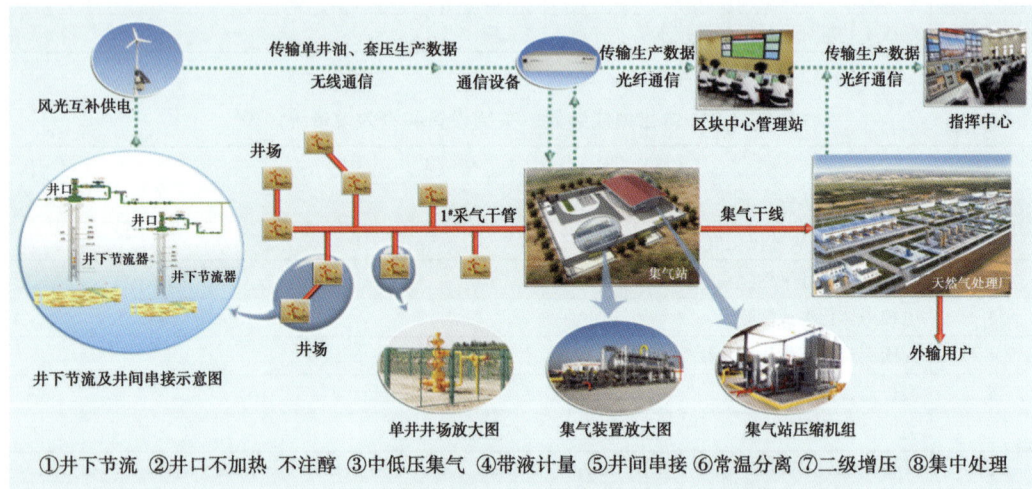

①井下节流 ②井口不加热 不注醇 ③中低压集气 ④带液计量 ⑤井间串接 ⑥常温分离 ⑦二级增压 ⑧集中处理

图3-94 苏里格气田地面集输工艺总流程示意图

(a) 总体规划分析

(b) 设计图纸分析

图3-95 设计人员方案讨论过程

三、苏里格气田地面建设主要工程量

苏里格气田包括天然气处理厂6座，集气干线1000km，集气站100座。

四、典型工程

苏里格气田地面工程众多，选取十六项具有典型代表性的产建工程、处理厂工程和测量工程分别予以介绍。

1. 苏里格气田 $230 \times 10^8 m^3/a$ 产建骨架工程

设计时间：2006年3月—2011年6月。

投产时间：2011年11月。

建设规模：$230 \times 10^8 m^3/a$。

项目简介：苏里格气田$230 \times 10^8 m^3/a$地面工程通过技术创新、管理创新、理念创新，形成了以"井下节流、多井串接、中低压集气"为核心的苏里格气田中低压集气模式，以标准化设计为核心的"四化"管理模式，建成了数字化的苏里格大气田，突破了传统的气田设计及管理模式，开拓了行业发展的新方向，达到了国际领先水平，是"三低"气田经济有效开发的典范。

主要设计工程量：

截至2017年年底建成产能$249.6 \times 10^8 m^3/a$，共建设天然气处理厂6座，集气干线26条1064km，集气站135座及电气、通信、道路等配套工程。

主要工艺技术：

（1）形成了"三低"气田的"四化"管理模式，即"标准化设计、模块化建设、数字化管理、市场化运作"；

（2）形成了适应"三低"气田的苏里格气田中低压集气工艺模式，即"井下节流，井口不加热、不注醇，中低压集气，带液计量，井间串接，常温分离，二级增压，集中处理"。

获奖情况：

该项目获全国优秀工程咨询二等奖，国家优质工程银质奖。

苏里格气田$230 \times 10^8 m^3/a$产建骨架工程有关记录如图3-96至图3-100所示。

(a) 国家咨询成果二等奖证书　　　　　(b) 集团公司优秀设计一等奖证书

图3-96　获奖证书

(a)数字化生产管理平台界面　　　　　　(b)数字化管理平台控制中心

图 3-97　数字化管理平台

(a)管线布管　　　　　　　　　　　(b)管线焊接

图 3-98　干线施工现场

图 3-99　井下节流器施工现场　　　　　图 3-100　苏里格气田生产指挥中心

2. 苏里格气田第一天然气处理厂工程

设计时间：2005 年 12 月。

投产时间：2007 年 10 月。

建设规模：$30×10^8 m^3/a$。

项目简介：苏里格气田第一天然气处理厂位于内蒙古自治区乌审旗西的陶利庙乡，距乌审旗约30km。设计处理规模 $30\times10^8m^3/a$，全厂总占地 $13.16\times10^4m^2$，主要由集配气、污水处理、天然气处理、员工倒班公寓等四个单元组成。2005年11月9日开工建设，2006年11月一期工程建成投产，建设2套日处理能力 $300\times10^4m^3$ 的脱油脱水装置，以及天然气压缩机组、配套丙烷制冷设备2套。2007年10月，二期工程建成投运，建设日处理能力 $300\times10^4m^3$ 的脱油脱水装置1套，天然气压缩机组4台。该工程对于保证北京、天津、呼和浩特及沿线城市平稳供气具有重要的意义。

主要设计工程量：

厂内设置脱油脱水装置（3套 $300\times10^4m^3/d$ 丙烷制冷）、增压站（7台压缩机组）、清管装置、预处理装置、注醇装置、外输计量装置、甲醇回收装置和凝析油稳定装置及相应的配套系统。

主要工艺技术：

（1）丙烷制冷的低温分离工艺，同时进行水、烃露点的控制；

（2）先增压后净化工艺；

（3）在长庆气田首次引进大型的天然气发动机驱动往复式压缩机，单台处理量 $151\times10^4m^3/d$，单台额定功率1767kW；

（4）低温分离器的内件引进壳版专利产品；

（5）设置带段塞流捕集的预分离装置。

获奖情况：获得陕西省优秀设计一等奖。

苏里格气田第一天然气处理厂工程相关记录图片如图3-101至图3-110所示。

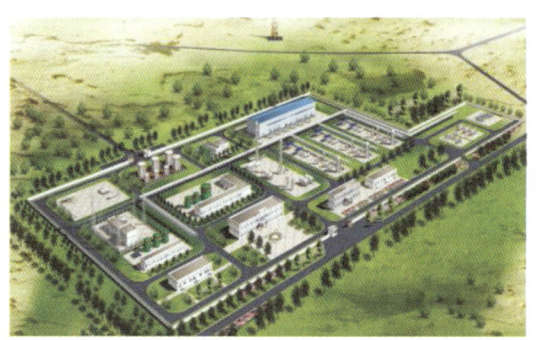

图3-101 第一天然气处理厂全厂鸟瞰图

图3-102 第一天然气处理厂大门

图3-103 第一天然气处理厂投产庆典

图3-104 第一天然气处理厂中控楼

图 3-105 苏里格气田第一天然气
处理厂清管区

图 3-106 苏里格气田第一天然气处理厂
集气区预分离器

(a)增压装置主机

(b)增压装置空冷器

图 3-107 苏里格气田第一天然气处理厂增压装置区往复式压缩机

图 3-108 苏里格气田第一天然气处理厂
脱油脱水装置区

图 3-109 苏里格气田第一天然气
处理厂储罐区

(a)厂区装置及管架　　　　　　　　　　　　(b)厂区装置区

图 3-110　苏里格气田第一天然气处理厂厂区一角

3. 苏里格气田第二天然气处理厂工程

设计时间：2007 年 5 月。

投产时间：2008 年 12 月。

建设规模：$50×10^8 m^3/a$。

项目简介：苏里格气田第二天然气处理厂位于内蒙古自治区乌审旗苏里格经济技术开发区乌兰陶勒盖镇。距离第一处理厂 56km，距离乌审旗 24km。主要接收苏里格东区来气，并作为中区产能调配，占地 $18.4×10^4 m^2$。产品气外输至陕京二线及内蒙古周边用户。

主要设计工程量：

厂内设置 $500×10^4 m^3/d$ 脱油脱水装置 3 套；卡特彼勒（CATERPILLAR）公司的 G3616 燃气发动机配 ARIEL/JGZ6 压缩机组 6 台，单台处理气量 $300×10^4 m^3/d$ 及相应的配套系统。

主要工艺技术：

（1）先脱油脱水部分后增压（部分增压，周边用户不增压直接外输）的总工艺流程；

（2）高浓度甲醇污水与低浓度甲醇污水分开处理技术；

（3）大型站场三维设计技术；

（4）冷凝法分离工艺；

（5）丙烷制冷工艺；

（6）储罐排泥及浓缩脱水技术。

获奖情况：

该项目获长庆油田分公司优秀设计一等奖，西安市科技进步三等奖。

苏里格气田第二天然气处理厂工程相关记录图片如图 3-111 至图 3-116 所示。

4. 苏里格气田第三天然气处理厂工程

设计时间：2007 年 11 月—2008 年 5 月。

投产时间：2008 年 12 月。

建设规模：$50×10^8 m^3/a$。

项目简介：苏里格气田第三天然气处理厂位于内蒙古自治区鄂托克旗苏米图苏木。厂址距离第一处理厂约 70km，距离乌审旗达镇约 50km，距离鄂托克旗约 47km。全厂总占地 $19.6×10^4 m^2$，设计年处理规模为 $50×10^8 m^3$，主体工艺采用先增压后丙烷制冷低温分离的脱

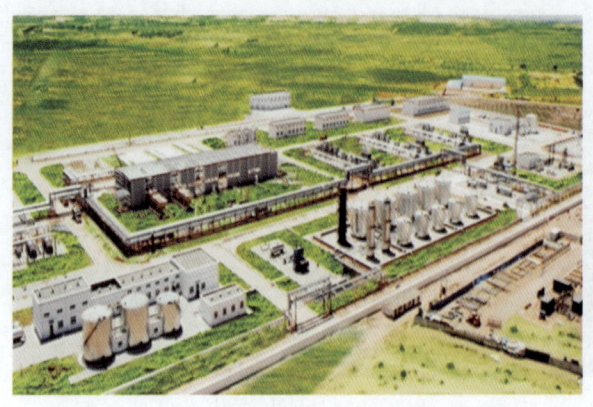

图 3-111　苏里格气田第二天然气处理厂全貌

图 3-112　苏里格气田第二天然气处理厂凝析油稳定装置

图 3-113　苏里格气田第二天然气处理厂丙烷制冷装置区

图 3-114　苏里格气田第二天然气处理厂清管区

图 3-115　苏里格气田第二天然气处理厂空氮站

图 3-116　苏里格气田第二天然气处理厂放空火炬

油脱水工艺，产品气外输至陕京二线。该厂于2007年12月24日动工建设，2008年年底达到投产，2009年7月1日正式投产运行，苏里格气田第三天然气处理厂工程首次提出"标准化、模块化"的指导思想，采用先增压后丙烷制冷的天然气处理主体工艺流程，标志着长庆气区第一座标准化天然气处理厂的诞生。

主要设计工程量：

厂内设置 $500×10^4 m^3/d$ 脱油脱水装置 3 套；卡特彼勒公司 G3616 燃气发动机配 ARIEL/JGZ6 往复式压缩机组 7 台及相应的配套系统。

主要工艺技术：

(1) 先增压后丙烷制冷的脱油脱水工艺；
(2) "标准化、模块化"设计；
(3) 段塞流捕集技术；
(4) 音速火炬的应用；
(5) 形成了分排分处的污水处理技术；
(6) 形成了天然气凝液加工和内浮顶储罐氮封技术；
(7) 应用国内外先进的以 DCS 为基础全厂一体化监控技术；
(8) 火炬塔架和地基处理沙漠地区设计。

获奖情况：

该工程 2010 年获得集团公司优秀设计二等奖，长庆油田分公司一等奖。

苏里格气田第三天然气处理厂工程相关记录图片如图 3-117 至图 3-125 所示。

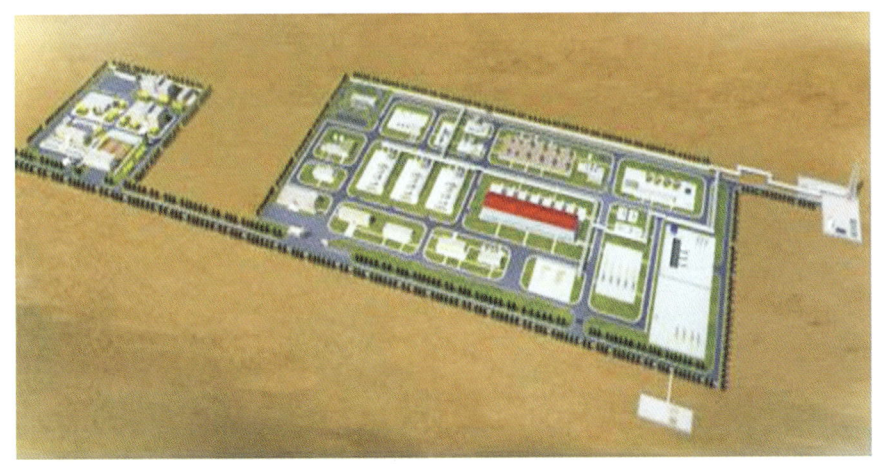

图 3-117 苏里格气田第三天然气处理厂厂区渲染图

图 3-118 苏里格气田第三天然气处理厂厂区大门

图 3-119 苏里格气田第三天然气处理厂办公楼

图 3-120　苏里格气田第三天然气处理厂凝析油稳定装置

图 3-121　苏里格气田第三天然气处理厂罐区

图 3-122　苏里格气田第三天然气处理厂预冷换热器

图 3-123　苏里格气田第三天然气处理厂清管区

图 3-124　苏里格气田第三天然气处理厂脱油脱水装置区

图 3-125　苏里格气田第三天然气处理厂压缩机区

5. 苏里格气田第四天然气处理厂工程

设计时间：2008 年 8 月—2019 年 12 月。

投产时间：2010 年 9 月。

建设规模：$50 \times 10^8 \mathrm{m}^3/\mathrm{a}$。

项目简介：苏里格气田第四天然气处理厂位于内蒙古自治区鄂托克前旗昂素镇，是苏里格气田西区开发骨架工程的核心项目,主要承担苏里格西区和中区天然气处理和集输任务。全厂总占地约 $15.89\times10^4m^2$,采用先增压后脱油脱水的工艺流程,设计年处理能力 $50\times10^8m^3$,产品气外输至陕京二线。

厂内设置 $500\times10^4m^3/d$ 脱油脱水装置 3 套;卡特彼勒 G3616 燃气发动机配 ARIEL/JGZ6 往复式压缩机组 7 台及相应的配套系统。该项目获集团公司 2012 年度优秀设计三等奖,长庆油田分公司一等奖。

苏里格气田第四天然气处理厂工程相关记录图片如图 3-126 至图 3-138 所示。

图 3-126 苏里格气田第四天然气处理厂全貌

图 3-127 现场踏勘选择厂址

图 3-128 苏里格气田第四天然气处理厂集气区

图 3-129 苏里格气田第四天然气处理厂配气区

图 3-130 苏里格气田第四天然气处理厂
脱油脱水装置全貌

图 3-131 苏里格气田第四天然气处理厂
丙烷制冷装置

图 3-132　苏里格气田第四天然气处理厂
预冷换热器

图 3-133　苏里格气田第四天然气处理厂
低温分离器

(a)增压装置主机

(b)增压装置空冷器

图 3-134　苏里格气田第四天然气处理厂增压装置区往复式压缩机

图 3-135　苏里格气田第四天然气
处理厂供水站

图 3-136　苏里格气田第四天然气
处理厂空氮站

图 3-137　苏里格气田第四天然气处理厂中控楼　　图 3-138　苏里格气田第四天然气处理厂化验楼

6. 苏里格气田第五天然气处理厂工程

设计时间：2009 年 12 月。

投产时间：2010 年 10 月。

建设规模：$50×10^8 m^3/a$。

项目简介：第五天然气处理厂位于陕西省榆林市定边县安边镇，处理规模为 $50×10^8 m^3/a$，全厂总占地约 $15.89×10^4 m^2$，主体工艺采用先增压后丙烷制冷低温分离的脱油脱水工艺，产品气外输至靖边末站供陕京线等下游用户。

主要设计工程量：

厂内设置 $500×10^4 m^3/d$ 脱油脱水装置 3 套；卡特彼勒公司的 G3616 燃气发动机配 ARIEL/JGZ6 压缩机组 7 台，单台处理气量 $252×10^4 m^3/d$；设 $100 m^3/d$ 和 $320 m^3/d$ 甲醇回收装置各 1 套；$70 m^3/d$ 凝析油稳定装置 1 套；设置 DCS 控制系统、FGS 检测系统和 ESD 紧急停车系统各 1 套及公用和辅助生产设施。

主要工艺技术：

（1）形成了国内第一套"湿气交接、干气计量、组分修正"的国际合作区天然气和凝析油计量分配新模式；

（2）采用标准化的前增压后低温冷凝分离脱油脱水主体工艺；

（3）建成了国内第三座 $50×10^8 m^3/a$ 规模标准化天然气处理厂；

（4）段塞流捕集技术；

（5）推广了音速火炬的应用；

（6）形成了天然气凝液加工和内浮顶常压储罐氮封技术；

（7）应用国内外先进的以 DCS 为基础全厂一体化监控技术；

（8）双塔甲醇再生工艺；

（9）"分区截断，延迟放空"的新型放空技术。

苏里格气田第五天然气处理厂工程相关记录图片如图 3-139 至图 3-147 所示。

7. 苏里格气田第六天然气处理厂工程

设计时间：2012 年 12 月。

投产时间：2013 年 12 月。

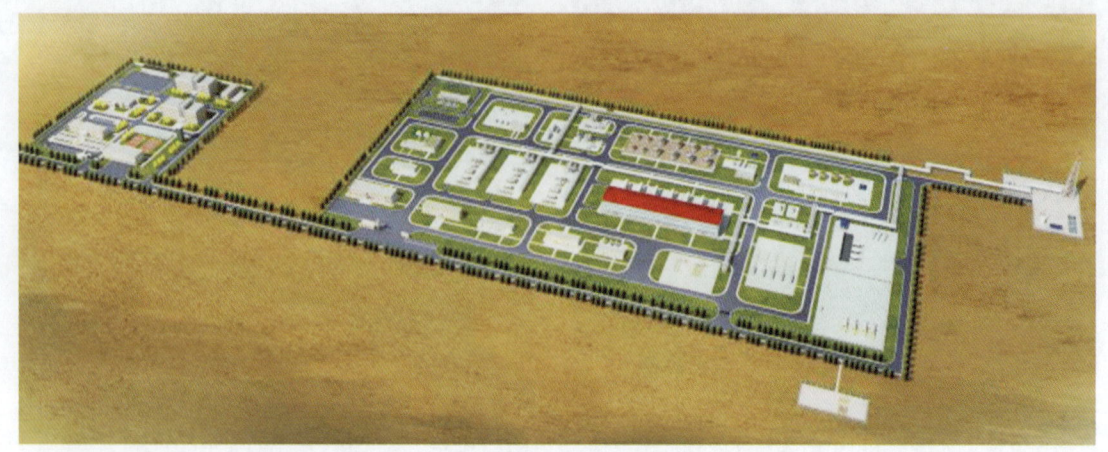

图 3-139　苏里格气田第五天然气处理厂渲染图

（a）初步设计审查会

（b）投产前检查会

图 3-140　前期会议

（a）现场讨论站址

（b）现场踏勘站址

图 3-141　苏里格气田第五天然气处理厂现场选址论证

图 3-142　苏里格气田第五天然气
　　　　　处理厂厂区大门

图 3-143　苏里格气田第五天然气
　　　　　处理厂气瓶溶剂库

图 3-144　苏里格气田第五天然气处理厂
　　　　　厂区一角（管架）

图 3-145　苏里格气田第五天然气
　　　　　处理厂清管区

图 3-146　苏里格气田第五天然气
　　　　　处理厂集气区

图 3-147　苏里格气田第五天然气
　　　　　处理厂配气区

建设规模：$50×10^8 m^3/a$。

项目简介：苏里格气田第六处理厂处理规模为$50×10^8 m^3/a$。位于内蒙古自治区乌审旗巴彦柴达木乡南约3km，东距陕蒙界约2.5km，西距海流兔河约1.5km，北距补嘎路约1.5km。

主要设计工程量：

厂内设置$500×10^4 m^3/d$脱油脱水装置3套；卡特彼勒的G3616燃气发动机配ARIEL/JGZ6压缩机组7台，单台处理气量$252×10^4 m^3/d$；设$100 m^3/d$和$320 m^3/d$甲醇回收装置各1套；$70 m^3/d$凝析油稳定装置1套；设置DCS控制系统、FGS检测系统和ESD紧急停车系统各1套及公用和辅助生产设施。

主要工艺技术：

苏里格气田第六处理厂仍采用前五座处理厂的成熟工艺技术，即采用先增压后脱油脱水总体工艺流程。原料气经过滤分离器后，采用往复式压缩机由2.4MPa增压到6.1MPa后进入丙烷制冷装置将天然气冷却至$-15℃/-5℃$，然后进入低温分离器脱油脱水达到商品气标准，经计量后外输。

（1）采用先增压后低温脱油脱水的总工艺流程；
（2）制冷系统采用先进的丙烷制冷装置；
（3）采用低温冷凝法分离工艺，达到同时控制水、烃露点的目的；
（4）全厂采用DCS系统；
（5）储罐采用氮气保护措施。

苏里格气田第六天然气处理厂工程相关记录图片如图3-148至图3-153所示。

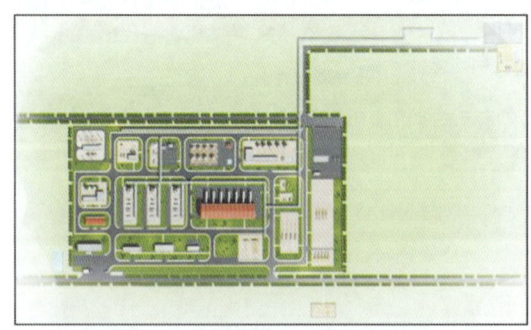

图3-148 苏里格气田第六天然气处理厂厂区渲染图

图3-149 苏里格气田第六天然气处理厂厂区总平面全貌图

图3-150 苏里格气田第六天然气处理厂厂区脱油脱水装置

图3-151 苏里格气田第六天然气处理厂厂区增压装置区

图 3-152 苏里格气田第六天然气处理厂厂区段塞流分离补集区

图 3-153 苏里格气田第六天然气处理厂厂区泵房

8. 苏里格气田标准化站场工程

项目简介：苏里格气田标准化站场设计按照"统一工艺流程、统一平面布局、统一模块划分、统一设备选型、统一三维配管、统一建设标准"六统一的原则，以工艺技术优化简化和定型为核心，以模块设计为关键手段，对批量性、通用性、重复性的产建内容进行标准化设计。截至 2017 年年底，标准化已在苏里格气田约 50 座场站、1500 口井的建设中得到了推广应用，单座集气站的设计周期由 30 个工作日减少到 10 个工作日，同比缩短 66.7%；建设工期由 111 个工作日减少到 60 个工作日，同比缩短 45%。

标准化设计主要做法。

（1）站场规模标准化。

（2）工艺流程通用化：①统一集输系统总流程；②统一井口工艺流程；③统一集气站工艺流程。

（3）井站平面标准化：①单井、井组、围栏标准化；②集气站平面标准化。

（4）工艺设备定型化。

（5）设计安装模块化

（6）管阀配件规范化。

（7）建设标准统一化。

（8）安全设计人性化。

（9）设备材料国产化。

（10）生产管理数字化。

获奖情况：

该工程获得中国石油天然气集团公司 2010 年优秀标准化设计二等奖。

苏里格气田标准化站场工程相关记录图片如图 3-154 至图 3-156 所示。

9. 苏里格气田标准化处理厂工程

项目简介：标准化处理厂按照"总规模相同、装置规模一致、平面布局统一、建筑风格一样、工艺设备定型"的标准化设计思路，从标准化设计统一技术规定、标准化设备技术规格书、标准化三维设计数据库、标准化图纸方面入手，形成了一套天然气处理厂标准化设计技术体系。

图3-154 苏里格气田标准化井场（3井）

图3-155 苏里格气田标准化井场（14井）

(a)标准化集气站（一体化装置）

(b)标准化集气站（常规）

(c)标准化集气站分离器区（常规）

(d)标准化集气站外输计量区（常规）

图3-156 苏里格气田标准化集气站站内设备及全景

标准化处理厂工艺技术在苏里格气田天然气处理厂得到全面推广应用。采用标准化设计的处理厂，其设计、施工总周期可以控制在8个月左右，总建设周期同比减少近4个月，工艺流程、设备选型定型化，使得处理厂运行更加平稳，管理更加科学化、系统化。

主要设计工程量：

（1）处理厂规模标准以 $50\times10^8m^3/a$ 规模进行标准化设计；

（2）装置规模标准为形成 $500\times10^4m^3/d$ 规模的脱油脱水装置，$1515\times10^4m^3/d$ 规模的段塞流集气装置及增压装置，$80t/d$ 规模的凝析油稳定装置，$80m^3/d$ 规模的甲醇回收装置；

(3) 辅助配套规模标准为 $63\times10^4m^3/h$ 规模的高压放空系统，$1000m^3/d$ 规模的污水处理回注装置，35kV 变电站。

主要工艺技术：
(1) 先增压后丙烷制冷脱油脱水的总工艺流程；
(2) 应用大排量往复式天然气压缩机；
(3) 段塞流捕集技术；
(4) 音速火炬技术；
(5) 冷凝法分离工艺；
(6) 脱油脱水装置中制冷系统采用丙烷制冷工艺；
(7) 高浓度甲醇污水与低浓度甲醇污水分开处理技术；
(8) 储罐排泥及浓缩脱水技术；
(9) 甲醇再生蒸馏塔底重沸器采用泵强制循环型方式；
(10) DCS 为基础的全厂一体化监控系统；
(11) $50\times10^8m^3$ 标准化处理厂统一技术规定；
(12) $50\times10^8m^3$ 标准化处理厂技术规格书；
(13) $50\times10^8m^3$ 标准化处理厂三维设计数据库；
(14) $50\times10^8m^3$ 标准化处理厂三维设计模块；
(15) $50\times10^8m^3$ 标准化处理厂三维模块定位拼接技术。

获奖情况：
该项目获集团公司科技进步三等奖，长庆油田分公司科技进步一等奖。
苏里格气田标准化处理厂工程相关记录图片如图 3-157 至图 3-164 所示。

图 3-157 获奖证书（内蒙古自治区科技进步三等奖）

图 3-158 苏里格气田标准化处理厂平面渲染图

10. 苏里格气田一体化集成装置

在长庆油田"实现 5000 万吨、建设西部大庆"发展进程中，面对新的形势和要求，长庆油田公司以"小型化、橇装化、集成化、一体化、网络化、智能化"为原则，研发了一批先进、实用、安全、可靠的一体化集成装置，满足气田"数字化、智能化、远程操作"的管理要求，达到了加快气田地面建设速度、节约用地、节省投资、降低安全风险的目的。

图 3-159　苏里格气田标准化脱油脱水装置

图 3-160　苏里格气田标准化清管区

图 3-161　苏里格气田标准化单元空氮站

图 3-162　苏里格气田标准化单元 35kV 变电站

图 3-163　苏里格气田标准化单元供热站

图 3-164　苏里格气田标准化单元污水处理

1）天然气集气一体化集成装置

该装置是长庆气田地面系统技术创新成果，是气田地面工程优化简化的核心设备。装置将数字化集气站的进站区、分离器区、闪蒸罐区、分液罐区、自用气区、外输计量区等 6 个工艺区中的 4 个压力容器（气液分离器、闪蒸罐、分液罐、自用气分离器）、61 台各类阀门、230 个各类管件等工艺设备及仪表智能控制系统、电气设备等集成并组合成橇，形成天然气集气一体化集成装置，该装置适用于中低压、非酸性集气站场，能够代替气田常规非增压集气站。目前已经形成 $50 \times 10^4 m^3/d$ 和 $100 \times 10^4 m^3/d$ 两个系列 7 种类型。

装置具有"进站紧急截断、干管远程放空、气液分离、流程切换、外输计量、自用气供给、闪蒸、放空分液、自动排液、清管"10项功能。装置2012年研制成功,目前已应用28台;较常规集气站定员减少56%,平均减少站场占地面积35%,缩短设计周期30%,缩短施工周期35%,减少现场安装工程量80%。

装置获发明专利ZL201210461716.2等4项,实用新型及外观专利11项。2013年经中国石油工程建设协会鉴定达到国内领先水平。$50×10^4 m^3/d$ 和 $100×10^4 m^3/d$ 装置在2015年和2017年分别被评为集团公司自主创新重要产品,2015年获"陕西省科技进步奖三等奖",2016年获"第九届国际发明展铜奖和集团公司油气田地面建设一体化集成装置研发技术创新一等奖"。

天然气集气一体化集成装置相关记录图片如图3-165至图3-166所示。

(a)陕西省科技进步奖证书

(b)第九届国际发明展铜奖证书

(c)集团公司自主创新重要产品证书

图3-165 天然气集气一体化集成装置获奖照片

(a)$50×10^4 m^3/d$装置系列

(b)$100×10^4 m^3/d$装置系列

图3-166 天然气集气一体化集成装置现场照片

2)天然气三甘醇脱水一体化集成装置

该装置是中国石油重大装备国产化的重要成果,填补了国内天然气脱水工艺技术及装置的空白。装置采用甘醇化合物吸收法脱水工艺,由三甘醇吸收塔、气体—贫液换热器、三甘醇再生塔、重沸器、缓冲罐、甘醇泵、富液闪蒸罐、三甘醇贫—富液换热器、滤布过滤器、活性炭过滤器等设备和相应的管路、阀门等组成，并配套相应的自控仪表系统。适用于天然气、煤层气、伴生气、煤制气等介质，可替代集输站场、处理厂、净化厂、储气库等厂站的脱水单元。装置集成了三甘醇脱水、甘醇溶液再生、闪蒸等功能。

自2000年以来，该装置在中石油、中石化等油气田以及西气东输储气库、煤层气处理厂、煤化工等项目中成功应用70余套；并进入哈萨克斯坦等国外油气田开发市场，与国外同类装置相比，节约投资40%。

装置获发明专利3项，3项实用新型和外观专利授权（专利号ZL200930022077.9），陕西省科技成果专有技术成果认定（9612005Y0241），2013年被中国石油工程建设协会认定为"国际先进水平"；获得全国职工技术创新成果优秀奖、中国施工企业管理协会科技创新成果一等奖、陕西省科技进步三等奖，获得第二届全国技术创新成果优秀奖、中国石油技术发明奖及陕西省、甘肃省科技进步奖等国家和省部级以上奖项25项。

天然气三甘醇脱水一体化集成装置相关记录图片如图3-167、图3-168所示。

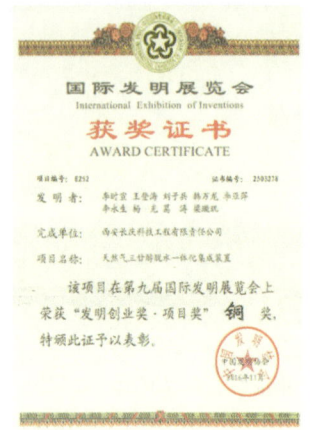
（a）第九届国际发明展铜奖证书

（b）中国施工企业管理协会2013年度科技创新成果一等奖

图3-167 三甘醇脱水装置获奖证书

（a）集气站应用现场

（b）净化厂应用现场

图3-168 天然气三甘醇脱水装置现场应用实例

3) 电控一体化集成装置

通过对全站供电系统、自控系统及通信系统进行集成与简化,将数字化集气站的供配电、不间断电源、自动控制、视频监控、站间通信等5个系统中的7类装置12台设备集成并组合成橇,形成集气站电控一体化集成装置。

装置具有"智能供电、数据自动采集、流程自动切换、排液自动控制、参数智能预警、远程紧急切断、发电机自启动、智能照明、视频监控、站间通信"等10项功能。电控一体化集成装置如图3-169所示。

(a)渲染图

(b)应用现场

图3-169　电控一体化集成装置

11. 苏里格气田 $30 \times 10^8 m^3/a$ 产建骨架工程（测量成果）

该工程是我公司采用航测技术首次自主完成的项目,2005年航测,航测线路162km,地形90km^2。通过航测技术获取的影像资料、3D测绘成果,为气田的管网、道路、电力通信线路的设计施工提供了准确可靠的设计依据,满足了气田开发的多层次、多元化的需求,提升了苏里格气田建设的信息化水平。该项目荣获2008年度中国勘察设计协会优秀工程勘察二等奖,陕西省建设厅一等奖。

苏里格气田 $30 \times 10^8 m^3/a$ 产建骨架工程（测量成果）如图3-170、图3-171所示。

(a)测量仪表现场安装

(b)测量仪表现场测量

图3-170　现场测量

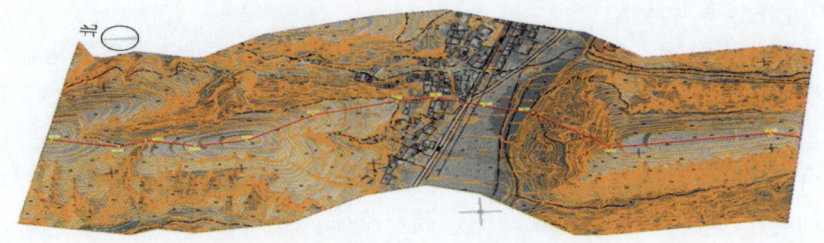

图 3-171　航测成果—影像线划叠加图

12. 苏里格气田数字化管理系统

从 2006 年苏里格气田大规模开发建设至今，苏里格气田逐步建成了井口数据采集及关断系统、集气站站控系统、作业区远程监控系统、处理厂 PCS/ESD/F&G 综合计算机控制系统。实现了井、站作业区集中监控的数字化管理模式，并在苏里格前线生产指挥部（乌审旗）建成全气田集中监视、调度与管理的苏里格气田生产管理系统。

苏里格气田数字化管理系统相关记录图片如图 3-172 和图 3-173 所示。

（a）作业区监控平台

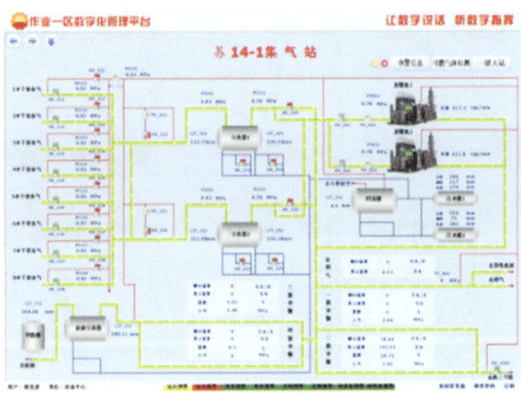
（b）集气站监控平台

图 3-172　作业区和集气站监控平台

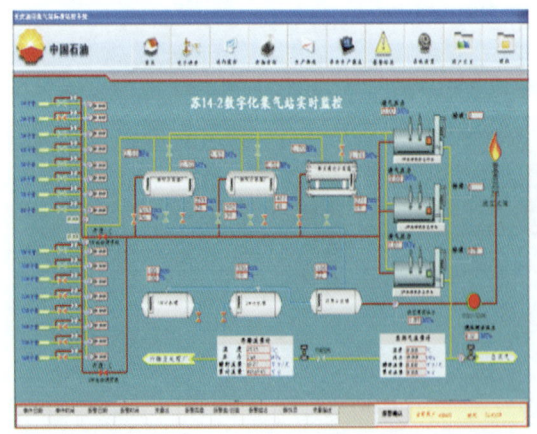

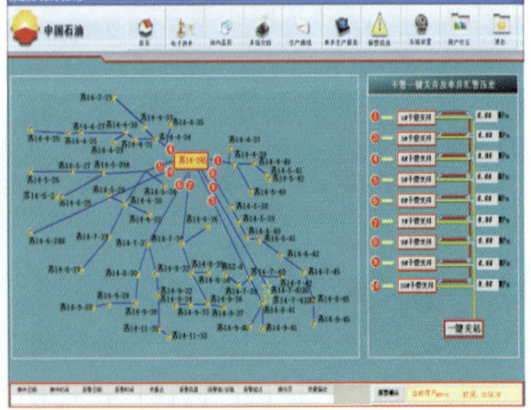

图 3-173　集气站控人机界面画面

13. 神木气田天然气处理厂

设计时间：2013年2月—2013年7月。

投产时间：2014年9月。

建设规模：20×10⁸m³/a。

项目简介：神木气田天然气处理厂位于榆林市榆阳孟家湾乡境内，又称为榆阳处理厂，主要负责处理神木气田天然气，采用前增压，后丙烷制冷低温分离脱油脱水工艺，产品气外输陕京线。

主要设计工程量：

厂内设置 600×10⁴m³/d 处理规模脱油脱水装置 1 套；设置天然气增压机组 3 台（型号为 Ariel 往复式压缩机，配套卡特彼勒公司的 G3616LE 型燃气发动机），单台额定功率 3531kW，2 用 1 备，同时建设凝析油稳定、储运设施、采出水处理等辅助生产装置及 35kV 变电站、供水站、空氮站、供热站等公用工程。

主要工艺技术：

采用先增压后脱油脱水总体工艺流程。原料气经过滤分离器后，采用往复式压缩机由 2.4MPa 增压到 6.1MPa 后进入丙烷制冷装置将天然气冷却至 -15~5℃，然后进入低温分离器脱油脱水达到商品气标准，经计量后外输。

（1）采用先增压后低温脱油脱水的总工艺流程；

（2）制冷系统采用先进的丙烷制冷装置；

（3）采用低温冷凝法分离工艺，达到同时控制水、烃露点的目的；

（4）全厂采用 DCS 系统；

（5）储罐采用氮气保护措施。

神木气田天然气处理厂工程相关记录图片如图 3-174 至图 3-181 所示。

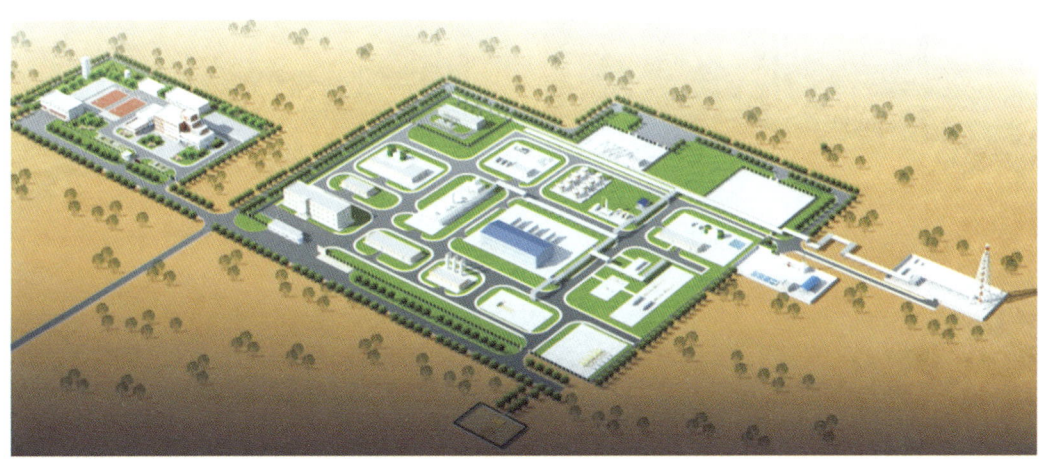

图 3-174 神木天然气处理厂渲染图

14. 苏里格南国际合作区 30×10⁸m³/a 产建工程

设计时间：2009 月 10 日—2011 年 5 月。

建设规模：30×10⁸m³/a。

项目主要设计工程量：区块建产能 30×10⁸m³/a，稳产至 2034 年，共计建井 2093 口（9

图 3-175　神木气田天然气处理厂主大门

图 3-176　神木气田天然气处理厂安全教育室

图 3-177　神木气田天然气处理厂集气区

图 3-178　神木气田天然气处理厂配气区

图 3-179　神木气田天然气处理厂增压装置

图 3-180　神木气田天然气处理厂脱油脱水装置

图 3-181　神木气田天然气处理厂厂区局部

井式井丛 156 座，其中 77 座后期加密至 18 井），集气站 4 座，集气管线 119km，采气管线 890km，注醇管线 440km。

主要工艺技术：

根据区块的地质特征、全丛式井建设、井间+区块接替方式、放压生产等特征，形成了"井下节流、井丛集中注醇，管道不保温，中压集气，井口带液连续计量，车载橇装移动计量分离器测试，常温分离，两次增压，气液分输，集中处理"的全新集输工艺；形成了"中压集气、井口双截断保护、气井移动计量测试"等一系列工艺技术，包括：

（1）"井下节流+井丛集中注醇"为核心的中压集气工艺技术；

（2）"大井组、长半径"集气站布局优化简化技术；

（3）"两定一集中"井组串接技术；

（4）井口高安全、无泄放的"双截断"保护技术；

（5）丛式气井"不停产、密闭、移动"计量测试技术；

（6）"超大"规模集气站工艺技术；

（7）苏里格气田数字化集气站技术；

（8）"泵—处理厂"一次增压输水工艺技术；

（9）"湿气交接、干气分配"的特有贸易计量模式；

（10）"三级控制、三处泄放、四级截断"智能安全保护技术；

（11）井丛"EPON"无源光通信技术；

（12）"专用电网+风光互补"相结合的供电技术。

获奖情况：

该工程获 2014 年度中国施工企业管理协会科学技术奖科技创新成果二等奖。

苏里格南国际合作区 $30 \times 10^8 m^3/a$ 产建工程相关记录图片如图 3-182 至图 3-186 所示。

图 3-182 苏里格南国际合作区获奖证书

图3-183 苏里格南国际合作区BB9井场实景图

图3-184 苏里格南国际合作区BB9井场实景图

图3-185 苏里格南国际合作区站内计量区

图3-186 苏里格南国际合作区进站截断区

第五节 储气库地面工程

一、榆林南储气库先导性试验集注试验站工程

设计时间：2010年12月。

投产时间：2011年10月。

建设规模：$2.6×10^8 m^3/a$。

项目简介：榆林南区储气库先导性试验集注试验站工程建设储气规模$2.6×10^8 m^3/a$，平均采气规模$215×10^4 m^3/d$，平均注气量规模$129×10^4 m^3/d$。注采试验站位于榆林气田榆14集气站旁，注气气源为榆林气田榆14集气站和毗邻的榆12、榆15集气站的原料天然气。采出气反输至榆林处理厂。集注试验站总占地面积约$1.5×10^4 m^3$。

主要设计工程量：

主要包括集注试验站1座、供气管线225m、注采管线395m、2井式丛式井场1座、榆（37-1H/2H），另外包括自控、供电、巡井道路、通信光缆等配套内容。

主要工艺技术：

(1) 形成了"注采同管、同计量、同调节"的注采合一工艺；

（2）形成了"超高压、大压比、大规模往复式压缩机"储气库增压工艺及模式；
（3）国内首次形成了"一键紧急停产的储气库全保护"技术；
（4）形成了"超高压球阀国产化的应用"技术；
（5）形成了"压缩机组减振降噪"技术。

获奖情况：

该项目获陕西省优秀咨询成果三等奖，长庆油田公司科技进步三等奖。

榆林南储气库先导性试验集注试验站工程相关记录图片如图3-187至图3-190所示。

图3-187 榆林南储气库集注试验站总貌

图3-188 榆林南储气库注采井口装置

图3-189 榆林南储气库注气压缩机

图3-190 榆林南储气库采气分离器

二、陕224储气库地面工程

设计时间：2013年9月。

投产时间：2015年10月。

建设规模：$5 \times 10^8 m^3/a$。

项目简介：陕224储气库位于靖边气田中部的陕224井区，属陕西省靖边县和内蒙古自治区乌审旗所辖，是中石油集团公司开展的以试验H_2S和CO_2注采周期变化规律、淘洗周期预测等世界级难题的国内首座含硫气藏型储气库，国内外均无成熟的设计经验可供借鉴。该库设计库容$10.4 \times 10^8 m^3$，工作气量$5.0 \times 10^8 m^3$；注气期200天，采气期120天；注气规模$250 \times 10^4 m^3/d$，产气规模$418 \times 10^4 m^3/d$。

主要设计工程量：

建集注站1座,建各类注采气井8口,建双向输气管道、注气管道、采气管道和联络线等各类管道26km及其配套附属设施。

主要工艺技术:

(1) 形成了国内首个适用于含硫气藏型储气库的注采地面工艺模式,即"井口双向计量,注采双管,超高压电驱往复式压缩机增压,水平井两级降压,直井高压集气,开工注醇,中高压采气,加热节流,三甘醇脱水,就近依托气田净化厂进行脱硫脱碳处理",各种安全、环保、节能措施到位,现场运行效果良好。

(2) 在长庆气田首次应用了4500kW电驱往复式大型压缩机组、$210\times10^4m^3/d$的大型橇装三甘醇脱水装置、外夹式双声道超声波流量计、高压角式节流阀等新型设备,创新采用了捆绑拉绳式高低压组合放空火炬。

(3) 形成了先进适用的"一键紧急停产安全保护技术""管道余气回收技术""大型往复式压缩机基础设计技术""工业降噪和绿化综合新型压缩机组降噪技术""站、井一体化监控技术""OPGW通信及电子巡护技术""高压厚壁管线焊接和检测工艺技术""数字化智能变电站技术"等多项新技术。

获奖情况:

该项目获集团公司优秀设计二等奖,陕西省优秀咨询三等奖。

陕224储气库地面工程相关记录图片如图3-191至图3-194所示。

(a) 厂前区

(b) 站内装置区

图3-191 陕224集注站全貌

图3-192 站内脱水装置

图3-193 站内清管及外输装置

(a)火炬区及管架　　　　　　　　　　(b)站内加热炉及脱水橇装置区

图3-194　陕224集注站一角

三、苏东39-61生产调节气田地面工程

设计时间：2017年6月。

投产时间：建设中。

建设规模：$8\times10^8 m^3/a$。

项目简介：苏东39-61生产调节气田位于苏里格气田东区，属内蒙古自治区乌审旗所辖，是长庆气田首个生产调节气田，该库设计库容$17.9\times10^8 m^3$，工作气量$8.2\times10^8 m^3$；注气期200天，采气期120天；井口注气压力21MPa，井口采气压力3.5MPa。

主要设计工程量：

建集注站1座，建注采气井3口，注采试验站输气管道和单井注采管道5条，及系统配套的自控、供电、进站道路、通信光缆等内容。

主要工艺技术：

(1) 采用了注采气井双向计量，注采双管工艺；

(2) 充分利用地层能量，采用开工移动注醇；

(3) 充分利用地层压力，控制节流压差，采用节流降压，合理控制节点压力；

(4) 采用电机驱动的往复式压缩机组进行注气增压，单台功率4000kW，单台增压气量达到$85\times10^4 m^3/d$；

(5) 注采井场设置RTU，实现了远程控制、无人值守；

(6) 采用了井下安全阀与井口紧急切断阀相结合的安全保护方式；

(7) 地面总体工艺概括为："集中增压、湿气注气，井口双向计量，注采双管，初步分离，湿气输送"。

第六节　沁水盆地煤层气地面工程

一、国内煤层气简介

煤层气是一种非常规天然气，是优质的能源和化工原料。根据预测，全球煤层气远景资源量$260\times10^{12} m^3$，我国为$36.8\times10^{12} m^3$，位居世界第三。随着常规天然气资源不断减少，能源需求不断增加,特别是对环境保护要求的日趋严格,煤层气作为巨大的潜在资源,在全球能源结构中扮演越来越重要的角色。

国家能源局发布的《煤层气开发利用"十二五"规划》称,未来5~10年我国煤层气探明地质储量将进入快速增长期,到2015年和2020年分别新增探明地质储量$10000\times10^{12}m^3$和$20000\times10^{12}m^3$。2015年我国煤层气总体开采量目标为$210\times10^{12}m^3$,其中地面开采量为$90\times10^{12}m^3$,井下抽采量为$120\times10^{12}m^3$,这一指标是"十一五"规划目标的两倍多。可以预见"十二五"将迎来我国煤层气勘探开发和地面建设的大规模、快速发展的新时期。

2008年我国已登记煤层气勘探区块达到98个,总面积超过$6.5\times10^4km^2$,探明煤层气地质储量$1130.3\times10^8m^3$。自2005年以来,国内煤层气田特别是山西沁水盆地煤层气田开发建设速度明显加快。2009年11月,我国首个数字化规模化的煤层气田示范工程在沁水建成投产,商品煤层气源源不断地输入西气东输一线管道,实现了我国第一个煤层气田的规模化商业运营。这是我国煤层气田勘探开发史上里程碑式的示范工程,也是我国非常规油气资源开发建设的典型代表。

二、典型工程

1. 樊庄区块2008年$6\times10^8m^3/a$产能建设及中央处理厂工程

设计时间:2008年3月—2008年6月。

投产时间:2009年10月。

建设规模:$6\times10^8m^3/a$产能建设($30\times10^8m^3/a$处理厂)。

项目简介:山西沁水盆地煤层气气田樊庄区块产能建设$6\times10^8m^3/a$,中央处理厂处理规模$30\times10^8m^3/a$,是我国煤层气气田的第一次大规模开发,是我国首个数字化规模化煤层气气田。通过优化简化,使亿方产能地面建设投资比预期的投资降低了1/3,为有效开发"四低"煤层气气田提供了一种先进可靠的工艺模式,给山西沁水盆地煤层气气田及其他区块的地面工程设计提供了示范作用;同时也对国内同类煤层气气田的开发具有一定的指导意义。

主要设计工程量:

樊庄区块建$6\times10^8m^3/a$产能和处理规模$30\times10^8m^3/a$的中央处理厂。樊庄区块产能建设建采气直井522口、水平井48口、集气站6座、采气管线332km、集气管线43.5km和相应的配套系统等。中央处理厂处理规模$30\times10^8m^3/a$。

总体工艺流程为"井口—采气管线—集气站—集气管线—中央处理厂—外输"。

主要工艺技术:

(1) 形成了国内第一套以"井间串接"为核心的煤层气气田单井进站模式;

(2) 首次在煤层气气田采气管线大规模应用PE管等非金属管材;

(3) 形成了以"低压集气、井间串接、两地增压、集中处理"为核心的国内第一套煤层气气田地面集输工艺模式;

(4) 采用了"数字化、标准化、模块化"煤层气地面建设技术,实现了煤层气田管理数字化、信息化和智能化;

(5) 形成了国内第一套"两地增压、总体最优"的煤层气气田压力系统构成模式;

(6) 建成了国内第一座以"大功率电驱往复式压缩机增压,大规模橇装三甘醇脱水,先增压后脱水"为核心工艺的煤层气中央处理厂;

(7) 充分利用当地丰富的电力资源,大规模应用井口电驱抽油机和站内电驱往复式压缩机组，大大提高了煤层气田商品率；

（8）首次在煤层气田优选应用了3项新型高效设备：4800kW 电动机驱动的煤层气往复式压缩机组，$150×10^4 m^3/d$ 规模的三甘醇脱水装置，集成的过滤分离器。

获奖情况：

该项目获集团公司优秀咨询成果三等奖，优秀设计一等奖，获长庆油田科技进步一等奖，并获得中国石油和化工勘察设计协会的专有技术证书。

樊庄区块2008年 $6×10^8 m^3/a$ 产能建设及中央处理厂工程相关记录图片如图3-195至图3-205所示。

(a) 中央处理厂渲染图

(b) 中央处理厂现场

图3-195　樊庄区块中央处理厂全貌

图3-196　樊庄区块中央处理厂题字图

图3-197　樊庄区块中央处理厂脱水装置

图3-198　樊庄区块中央处理区清管区

图3-199　樊庄区块中央处理区压缩机组

图 3-200　樊庄区块中央处理区分离器区

图 3-201　樊庄区块中央处理区樊 1 集气站

图 3-202　樊庄区块中央处理区樊 3 集气站

图 3-203　樊庄区块中央处理区樊 4 集气站

图 3-204　樊庄区块中央处理区樊 5 集气站

图 3-205　樊庄区块中央处理区樊 6 集气站全貌

2. 煤层气地面集输站场标准化设计

项目简介：煤层气地面集输站场标准化设计是我国开发煤层气田以来，首次对煤层气田站场系统化分类，模块化设计，形成的一套通用的、规范的、组合灵活的适用于煤层气田的井场和集气站标准设计图册。

该图册几乎覆盖了煤层气田所有集输站场。主要包括井场和集气站两部分，其中井场部分分为4个分册，集气站部分为3个分册。各类井场除建构筑物基础和地基处理根据当地情况进行调整外均可进行复用；集气站可根据集气规模、设计压力、集输条件等工况对各个单体模块进行不同的组合，定型的单体模块通过组装、拼接就可以组合任何规模集气站的施工图设计。

主要设计工程量：

井场分为电驱和燃驱两大类，每大类又分为直井、2-8井式井丛和水平井9种，井场分为18种。

集气站平面、流程均标准化，并根据功能分区，分为进站区、分离器区、压缩机区、二次分离器区、清管区、外输计量区、放空区、污水罐区等8种分区，27个模块，29个总分目。

主要工艺技术：

（1）煤层气田标准化设计按照"统一平面布局、统一工艺流程、统一设备选型、统一建设标准、统一单体安装"五统一的基础上，针对地面建设内容，以工艺技术优化简化和定型为核心，以模块设计为关键手段，对批量性、通用性、重复性的产建内容进行标准化设计。使设计在煤层气田的地面建设中趋于统一，具有科学性、合理性、通用性和先进性。形成了"十化"：①工艺流程通用化；②井站平面标准化；③工艺设备定型化；④设计安装模块化；⑤管阀配件规范化；⑥建设标准统一化；⑦安全设计人性化；⑧设备材料国产化；⑨生产管理数字化；⑩站场规模系列化。

（2）创新集气站模块设计技术。

集气站采用模块化设计后，仅需1套模块化图纸，就可根据工程的实际需要，以标准化的站场平面为母版，以插件的形式在综合管网间进行定位拼接，完成煤层气田所有集气站的设计。

获奖情况：

该标准化设计已应用在山西煤层气郑庄 $9 \times 10^8 m^3$ 产能建设工程中，并获得中国石油工程建设协会优秀设计一等奖。

煤层气地面集输站场标准化设计相关记录图片如图3-206至图3-219所示。

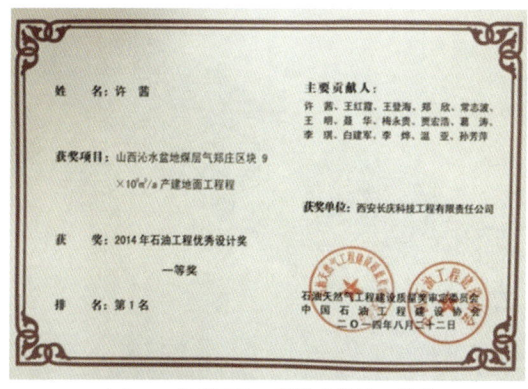
(a) 2014年度石油工程优秀设计一等奖

(b) 中国施工企协科技创新成果二等奖

图3-206 煤层气地面集输站场标准化设计获奖证书

图 3-207 系统电力电网供电直井井场鸟瞰图

图 3-208 燃气发电组供电直井井场鸟瞰图

图 3-209 系统电力电网供电三井丛井场鸟瞰图

图 3-210 燃气发电组供电三井丛井场鸟瞰图

图 3-211 系统电力电网供电八井丛井场鸟瞰图

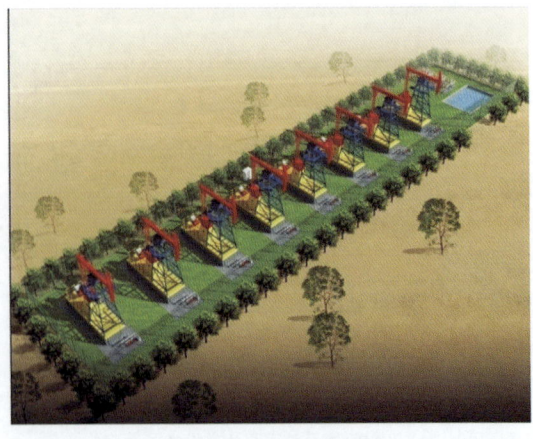

图 3-212 燃气发电组供电八井丛井场鸟瞰图

(a)单井井场

(b)七井丛井场

图 3-213　燃气发电组供电井场

图 3-214　郑-1 集气站

图 3-215　郑-2 集气站

图 3-216　郑-3 集气站

图 3-217　郑-4 集气站

图3-218 压缩机区模块

图3-219 进站区和分离器区模块

第七节 鄂尔多斯盆地东胜气田集中处理站工程

设计时间：2017年4月—8月。
投产时间：建设中。
建设规模：$30×10^8 m^3/a$。

项目简介：东胜集中处理站位于内蒙古自治区鄂尔多斯市杭锦旗锡尼镇巴音布拉嘎查，距杭锦旗直线距离14km，主厂区占地面积约$7.12×10^4 m^3$，总征地面积$12.39×10^4 m^3$，工程于2017年5月开工，规划规模$30×10^8 m^3/a$，一期建设$15×10^8 m^3/a$，预留二期扩建用地。产品气输往杭锦旗分输站（就地用户和苏东准管道）、宁夏哈纳斯集团、鄂尔多斯市派思能源，该工程对于鄂尔多斯市及周边城市的工业发展和保障内蒙古自治区市场的燃气供应起到重要作用。

主要设计工程量：

工厂规划规模为$30×10^8 m^3/a$，由1套集配气装置、2套$450×10^4 m^3/d$的处理装置（脱油脱水装置）、2台增压装置及火炬及放空系统组成，配套有供电、供热、供水、凝析油稳定、采出水处理等单元和消防车库。

主要工艺技术：

（1）采用先增压后脱油脱水的总工艺流程和低温冷凝分离工艺，达到同时控制水、烃露点的目的，流程短、设备少、投资低；

（2）脱油脱水采用丙烷制冷系统，技术成熟可靠，安全，环保；

（3）全厂采用生产过程控制系统（DCS），同时设置安全仪表系统（SIS）和火灾及气体检测报警系统（F&GS）；

（4）采用高效低温分离器橇、凝析油稳定橇等橇装装置；

（5）进出站天然气管道在站外采用气液联动紧急截断阀，确保事故状态下可靠关断；

（6）稳定凝析油储罐采用氮气保护措施，确保储罐安全运行。

东胜集中处理站工程相关记录图片如图3-220至图3-223所示。

图 3-220 采出水罐区

图 3-221 东胜集中处理站外输区

图 3-222 东胜集中处理站管架及压缩机房

图 3-223 东胜集中处理站管架区

第八节 长庆气田"四化"管理模式

一、标准化设计

标准化设计,就是针对具备条件的同类型场站、装置和设施,以安全可靠、经济适用、节能减排要求为前提,以优化简化为基础,设计出技术先进、通用性强、相对稳定、可重复使用的系列设计文件,达到建设内容、建设标准和建设形式的协调统一。

标准化设计主要由标准化站场设计图集、标准化模块单体图集、配套技术标准和电子模板构成,形成以"六统一"为原则,以"十化"为核心内容的标准化设计主要做法。

"六统一"为统一工艺流程、统一平面布局、统一建设标准、统一模块划分、统一设备选型、统一配管安装。

"十化"为站场规模系列化、工艺流程通用化、井站平面标准化、工艺设备定型化、设计安装模块化、管阀配件规范化、建设标准统一化、安全设计人性化、设备材料国产化、生产管理数字化。

长庆气田自 2008 年以来,累计建成标准化小型站场 141 座、大型站场 5 座(天然气处理厂/净化厂)。2011 年以后,新建产能中小型站场标准化设计覆盖率达 100%,设计工期同比缩短50%，建设工期同比缩短33%。地面工程的快速建成，提高了新井时率和对当年生产的贡献率。气田标准化站场系列（84个系列）、气田标准化模块系列（112个）等分别如图3-224至图3-226所示。

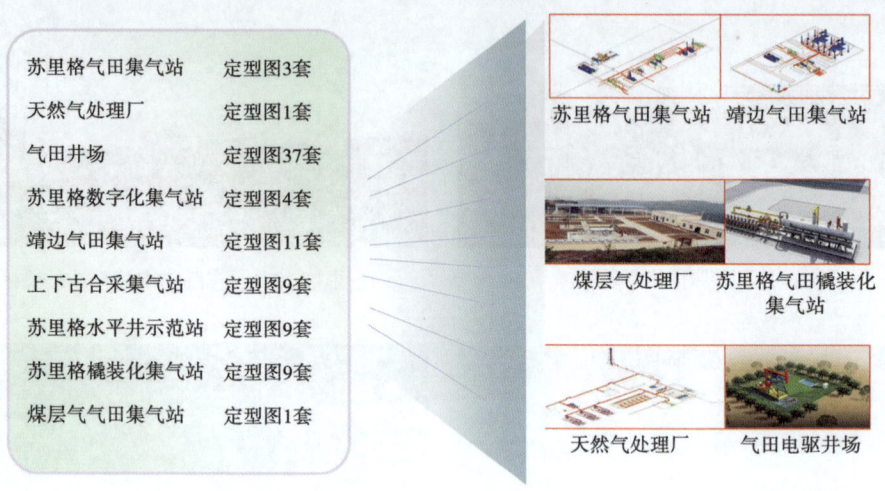

图3-224 气田标准化站场系列（84个系列）

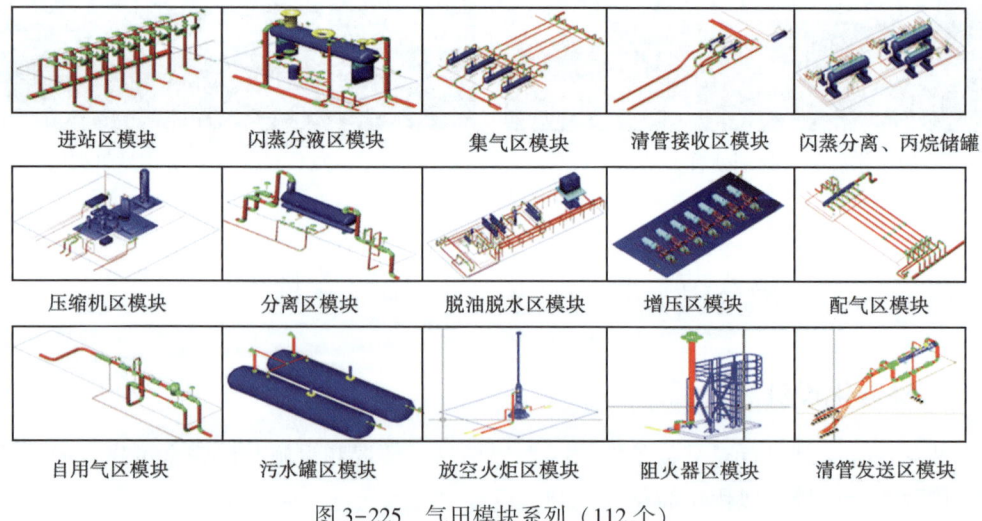

图3-225 气田模块系列（112个）

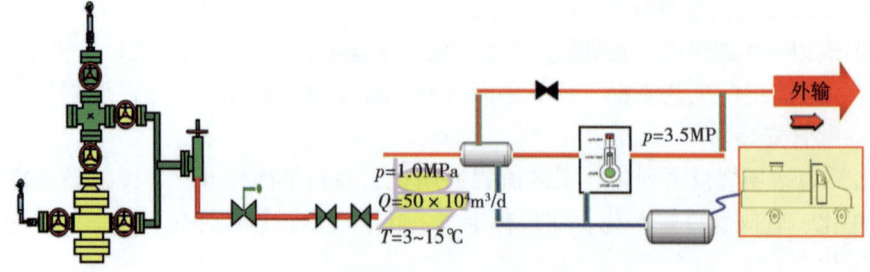

图3-226 苏里格气田井站标准流程示意图

二、模块化建设

模块化建设是在标准化设计的基础上，通过对站场各个工艺环节的划分，对不同的单体设备、不同规模的处理模块采用预制化、组装化、橇装化相结合的方式进行预制，现场进行组装的施工方法。模块化施工技术，将场站分解成多个功能区块，每个功能分区又划分为既相互独立又相互联系的小型标准模块，进行机具设备的配置，实行模块化车间式的流水作业生产方式，解决了现场施工条件差、施工劳动强度大的问题，减少现场施工周期，提高了地面建设的灵活性、主动性，为气田大规模开发，提供了技术保障。

模块化建设主要包含工厂预制和现场施工两方面的内容。主要做法包括"组件工厂预制、工序流水作业、过程程序控制、模块成品出厂、现场组件安装、施工管理可控"等6个方面内容。模块化预制厂是实现"模块化建设"的必备条件。

模块化分解、组合、施工、工厂化预制等相关图片如图3-227至图3-230所示。

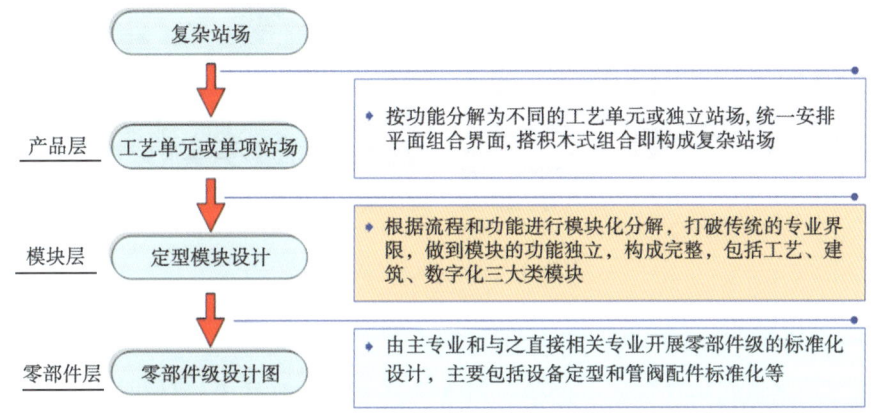

图3-227 模块分解示意图

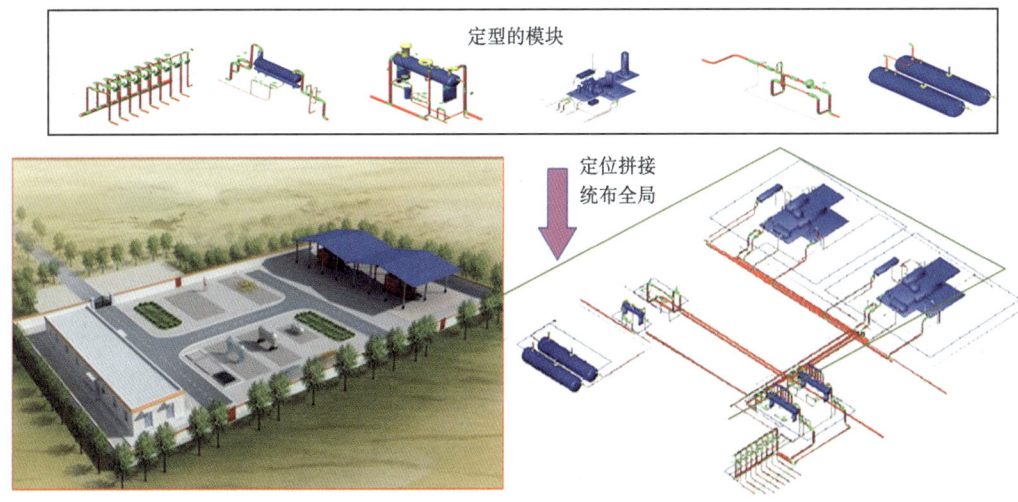

图3-228 模块组合示意图

图 3-229　模块化施工

(a)管件预制　　　　　　　　　　　　　　(b)进站区安装预制

图 3-230　工厂化预制

三、数字化管理

数字化管理是指利用计算机、通信、网络、人工智能等技术，量化管理对象与管理行为，实现计划、组织、协调、服务、创新等职能的管理活动和管理方法的统称。一是企业管理活动的实现是基于网络的，即企业的知识资源、信息资源和财富可数字化；二是运用量化管理技术来解决企业的管理问题，即管理的可计算性。通俗地讲就是让数字说话，听数字指挥，实现网络化，智能化管理。

截至 2017 年年底，气田已完成 8195 口气井、6377 个井场、281 座站点、16 个处理（净化）厂的数字化建设，实现全覆盖。

气田数字化管理相关图片如图 3-231 和图 3-232 所示。

(a)作业区级控制室　　　　　　　　　　　　(b)厂级控制室

图 3-231　控制室

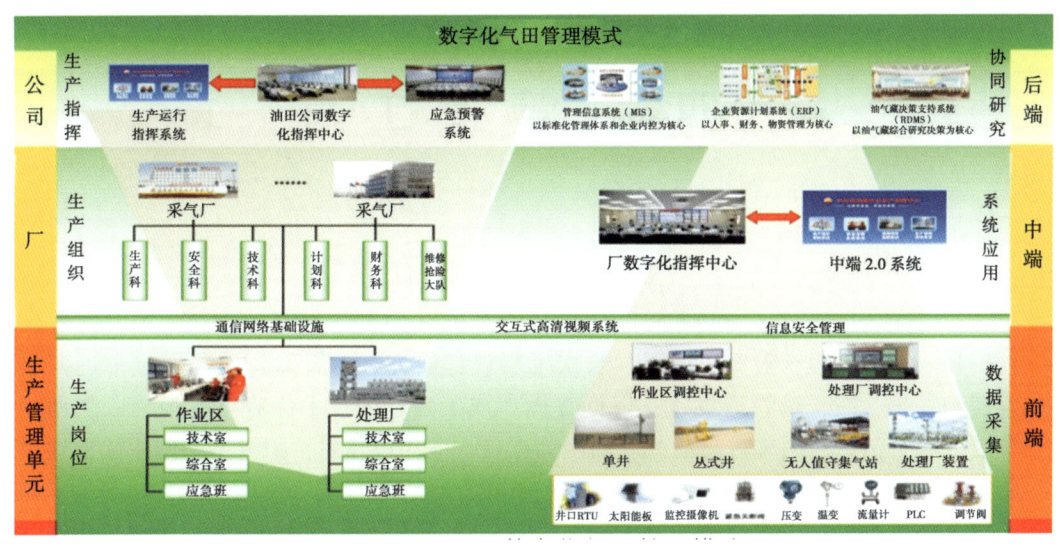

图 3-232 数字化气田管理模式

四、市场化运作

长庆气田的市场化运作主要从以下三个方面进行。

（1）市场化运作着力进行体制机制创新。体制机制创新主要体现在平台建设和管理流程再造。通过市场化运作的平台建设，树立和谐共赢的理念，建立规范的市场秩序，创造良好的市场环境，加强和规范市场管理。同时，进行管理流程的再造，使市场化平台顺利运行。

（2）市场化运作着力培育市场主体，拓宽市场开放程度，依靠社会资源配置。强化和规范市场管理，严格施工队伍资质审查，严格准入管理和分级管理。

（3）市场化运作着力加强过程监督。加大监督、监理工作，防范安全环保和法律风险，主动为市场队伍提供技术支持、员工培训和安全教育等。

第九节　总　　结

长庆气田位于祖国的地理中心，肩负着向北京、西安、银川、呼和浩特等城市供气的任务，目前气源接自长庆气田的天然气外输管线总里程超过 6000km，总输气能力 539.3×$10^8 m^3/a$，天然气产量和规模均居国内之首。

2013 年长庆油田全面建成"西部大庆"，成为中国第一大石油天然气生产基地，其中天然气产量超过全国天然气产量的 1/3，四十多年来，已经成功、有效和规模化地开发了低渗透、低压、低丰度的"三低"气田，创建了先进适用的靖边气田地面建设模式、榆林气田地面建设模式，苏里格气田地面建设模式；创新了标准化设计、模块化建设理念，普及了数字化管理，推广了橇装化建设，并实现了全面推广；长庆气田的有效开发为缓解天然气供需矛盾、改善燃料结构，保障国家能源安全；促进"西部大开发"战略的实施，为把中国石油天然气集团公司建设成为综合性国际能源公司做出了重要贡献。

第四章 管道工程

第一节 概 况

西安长庆科技工程有限责任公司（长庆勘察设计研究院，简称公司）经过了近四十多年的发展与积累，在长输管道设计、咨询方面形成了独特的技术优势与专长，以陕西、甘肃、宁夏回族自治区、内蒙古自治区、山西为据点，向周边辐射，积极参与国家能源通道建设，跨区域发展管道设计、咨询业务，大口径长输管道设计能力 3000km 以上。近年来先后参加了国家重点工程：中缅油气管道工程、西气东输一线管道、西气东输二线输气管道、西部原油成品油管道、西气东输淮—武支线输气管道等工程的设计工作，并完成靖—咸输油管道、靖—惠输油管道、庆—咸输油管道、吴起—延炼输油管道、长—呼输气管道、长—蒙输气管道、安徽利辛—淮北输气管道、临县—柳林—临汾煤层气输气管道、韩渭西煤层气输气管道和长—宁输气管道增输压气站等区域性油气管道工程的勘察设计。截至 2017 年年底累计已设计完成油气长输管道约 10800km（其中输油管道约 5100km，输气管道约 5700km）。输送介质包括原油、成品油、天然气、煤层气和氢气等多种不同性质的流体，并对长距离超临界 CO_2 管道设计进行研究。

随着管道设计业务的快速发展，公司已拥有 20 余项油气管道业务的科研成果，先后有 10 多个管道项目荣获国家、省（部）、行业优秀勘察设计奖、优秀咨询成果奖等和科技进步奖。

第二节 输油管道工程

一、中缅原油管道工程

设计时间：2011 年 5 月—2013 年 2 月。

投产时间：2016 年 10 月。

建设规模：$2200×10^4 t/a$。

项目简介：

中缅原油管道工程是国家实施能源战略的重点项目之一，是能源进口的西南通道，对优化西南地区能源结构、改善西南地区能源供应格局具有重要意义，也有助于为中国开辟新的能源进口通道、降低海上进口原油的风险，进一步保证国家能源供应安全。

中缅原油管道与中缅天然气管道、云南成品油管道并行（同沟）铺设，它是国内首次长距离三管（原油管道、天然气管道和成品油管道）并行敷设的管道工程。中缅油气管道工程（国内段）第一合同项是公司与四川科宏石油工程有限责任公司联合设计的原油长输管道，管道起点为中国与缅甸国边界的云南省德宏州瑞丽市弄岛 58 号界桩附近的瑞丽泵站，管道沿线经过云南省德宏州、保山市、大理州，止于大理州祥云县和楚雄州南华县的交界点力必甸村,原油管道长度483km,管道管径D813mm,全线采用X70/X65级钢管。

第一合同项内高山林立,沟谷纵横,植被茂密,交通困难;其中大中型穿跨越10处,图4-1为中缅原油管道澜沧江跨越。管道沿线地形复杂,其中管道陡坡敷设段为23%,横坡敷设段为3.4%,不良地质地段为5.2%,图4-2至图4-5为管道施工及设计现场作业图。

原油站场和天然气站场采取合建的方式,配套系统共用,节约站场用地。图4-6为瑞丽油气合建站控制用房。

图4-1 中缅原油管道澜沧江跨越

图4-2 中缅油气管道隧道穿越

图4-3 中缅油气管道并行段施工现场

图4-4 设计人员线路优化

图4-5 专家现场审查线路方案

图4-6 瑞丽输油气站

中缅原油管道（国内段）第一合同项内有瑞丽江穿越、漾濞江跨越、澜沧江跨越和怒江跨越等大型穿跨越工程。其中漾濞江跨越横跨云南省漾濞县与巍山县界河，设计为悬索管线桥，主跨跨度为230m，矢跨比1/10，塔架高30m，属于大型跨越工程。缆索体系均采用热挤PE平行钢丝束，索塔为锥形四柱钢管塔架，锚墩采用以预应力锚索做主要受力构件的隧道+预应力锚。管道采用上下布置，原油管道（$\phi 813mm \times 28.6mm$）位于天然气管道（$\phi 1016mm \times 22.9mm$）之下，桥面为角钢焊接接的钢桁梁。图4-7为漾濞江跨越现场图。

图4-7 漾濞江跨越

主要工程量：

第一合同项原油管道长度483km，管道管径$\phi 813mm$，河流大型穿越1处、跨越3处，山岭隧道穿越23条，河流中型穿越7处，Ⅱ级以上公路穿越57处，铁路穿越11处。线路截断阀室26座，站场5座。沿线站场均为天然气、原油合建站。

主要技术及创新：

（1）输气管道、输油管道长距离并行（同沟）敷设技术；

（2）天然气站场、原油站场合建；

（3）输油管道采用常温输送、密闭清管工艺；

（4）横断山区原油管道设计、施工开创了国内先例。

二、西部原油成品油管道工程

设计时间：2004年5月—2004年10月。

投产时间：2006年7月。

建设规模：原油 2000×10^4 t/a，成品油 1000×10^4 t/a。

项目简介：西部原油成品油管道工程是西部大开发的标志工程，由公司与中石油6家设计院组成设计联合体共同完成。西部原油成品油管道时输送多种油品、变输量、多支线分输和注入的复杂的长距离管输工程,是我国第一条双油品、双工况、双管同沟敷设的管道输送工程。管道起自新疆自治区乌鲁木齐市,终点为甘肃省兰州市,原油管道长 1550km,规格 $\phi813mm/\phi711mm/\phi610mm$,成品油管道 1840km,规格 $\phi559mm/\phi508mm$,设计压力 8.0～14MPa,全线采用 L450 级钢管,设置 11 座站场。工艺站场和阀室合并建设,配套系统共用的方式。成品油管道采用常温密闭顺序输送工艺,原油管道采用常温、加热和综合热处理顺序输送工艺。西部原油成品油管道是当时国内设计压力最高的长距离输送管道。图 4-8 至图 4-10 为西部原油成品油管道站场工艺区和阀组区。

图 4-8 站场工艺区

图 4-9 工艺区

图 4-10 阀组区

主要工程量:

公司独立完成的设计工作量包括有:原油管道 $\phi813mm/\phi711mm/\phi610mm$ 长度 380km,成品油管道管径 $\phi559mm/\phi508mm$ 长度 380km,站场 2 座(张掖原油中间泵站与成品油分输泵站、玉门原油中间泵站与成品油分输泵站),站场包括工艺及土建、仪表、电气、热工、暖通、机械、通信、防腐保温、阴极保护等配套设施的大型站场。

主要技术：

（1）国内长距离输送原油、成品油管道同沟敷设技术；

（2）成品油顺序输送技术；

（3）原油采用常温、加热和综合热处理输送工艺，大大降低输送能耗。

三、庆阳—咸阳输油管道工程

设计时间：2005年3月—2006年4月。

投产时间：2006年10月。

建设规模：$300 \times 10^4 t/a$。

项目简介：

庆阳—咸阳输油管道起点为甘肃省西峰市的长庆西一联输油站，终点为陕西省咸阳市长庆石化公司，管道全线包括输油站场4座、截断阀室10座，管道全长254km，管径为$\phi 377mm$，管道材质采用L360（X52），设计压力为6.4MPa，局部地段管道设计压力10.0MPa，管道设计任务输量$300 \times 10^4 t/a$，沿途穿越河流冲沟19处，跨越河流冲沟5处，穿越等级公路16处，穿越铁路2处。

管道输送工艺技术先进，并具有很强的输量适应性，同时管道工程的顺利实施不仅使公司在黄土地区大型储罐及配套技术、长输管道光栅检测技术等工程设计领域有了较大的突破，而且也带动了长庆油田在大型储罐建设、管理、配套服务等领域的快速发展。

泾河跨越是庆咸管道工程的控制性工程，属于大型跨越。泾河跨越位于陕西省泾阳县境内，河谷断面呈浅"U"形，常水位宽度150m；设计采用悬索跨越结构，跨越管线为$\phi 377 \times 9$，结构主跨204m，矢跨比1/10；塔架为锥形四柱钢管塔架，高23m；管线两侧设弧形抗风索，其水平方向矢高为20m，锚墩为重力式锚墩。泾河跨越增加了结构抗风体系、桥面体系，改变了塔架、锚墩与基础的结构形式，设计了钢夹块及合金锚桶代替绳夹连接结构，为后期维护方便设计了可调节吊索。泾河跨越的设计代表着公司跨越技术顺利地完成了全方位的升级换代，并成为后续6年悬索跨越设计模版。图4-11为泾河跨越现场图片。

图4-11 泾河跨越

庆—咸输油管道于2006年建成投产，技术指标达到设计指标，并获得优秀咨询成果奖。

主要工程量：

站场四座（西一联输油站、西二联输油站、彬县清管站、咸阳输油末站）、截断阀室10座，管径 ϕ377mm，管道长254km。

主要技术：

(1) 全线采用加剂热处理降凝输送工艺；
(2) 西二联输油站—咸阳输油末站利用地形高差，采用了一泵到底的输送工艺；
(3) 针对管道全线不同工况、不同地点的压力分布，优化管道设计压力及壁厚；
(4) 输油泵高压电机采用变频技术，实现了主要输送设备的数字化管理；
(5) 全线选用了先进的管道泄漏检测定位系统。

四、靖安—惠安堡输油管道

设计时间：2002年7月—2003年8月。

投产时间：2003年10月。

建设规模：350×10^{4}t/a。

项目简介：

靖安—惠安堡（靖惠）输油管道工程是为了中油集团炼销格局系统调整的管道工程，建设目的主要为兰州炼厂、宁夏炼厂提供原料，同时解决长庆解决长庆油田产输不平衡的矛盾。该工程荣获2008年度国家优质工程银奖。

靖安—惠安堡输油管道起于靖安油田靖三联合站，终点为宁夏盐池县惠安堡热泵站，横跨靖安、油房庄、宁夏三大产油区十五个油田，担负着长庆油田分公司的第四采油厂、第三采油厂、第五采油厂、第六采油厂、第八采油厂的部分油田原油外输任务。管道全线设有靖安首站，油房庄输油站、红井子插输站、大马首站分输站、惠安堡交油站等5座输油站场及银川调度中心。

靖安—惠安堡输油管道全长216km，采用L360直缝电阻焊管，管线设计工作压力6.4MPa，设计输油能力：靖安—油房庄 250×10^{4}t/a，油房庄—惠安堡 350×10^{4}t/a。管道采用环氧粉末喷涂外防腐，30mm厚泡沫塑料黄夹克保温防腐，全线设阴极保护站三座。站场内喂油泵、输油泵均采用变频器调速，并在长庆油田站场内首次使用热媒炉。图4-12为靖惠输油管道靖安首站全貌图，图4-13、图4-14为站场各类工艺装置设备图。

图4-12 靖惠输油管道靖安首站

图 4-13 输油泵

图 4-14 导热油炉

主要工程量：

主要工程量包括输油站场 5 座，银川调度中心 1 座，输油管道 ϕ377mm 长 216km，截断阀室 12 座。

主要技术：

（1）原油低温输送工艺，在混合原油中加入降凝剂，降低原油的凝固点，大幅度降低混合原油黏度；

（2）采用"一泵到底"及中间进油插输密闭输送工艺；

（3）SCADA 监控和数据采集系统（以站控为主）集成输油管道仿真检漏系统。

五、靖安—咸阳输油管道工程

设计时间：2000 年 5 月—2000 年 11 月。

投产时间：2001 年 9 月。

建设规模：320×10^4t/a。

项目简介：

靖安—咸阳输油管道工程北起陕西省志丹县长庆靖安输油首站，南至咸阳市化工区咸阳输油末站，途经延安、铜川、咸阳等 3 地市 12 县辖区，管道全长 462km。管道所经地区地形、地貌极其复杂，最高点高程 1700m，最低点高程 30m，管道起伏大。经过了 5 个大的地貌单元（黄土梁峁、河谷阶地、黄土台塬、黄土沟谷、关中盆地），经过了三条较大的地震断裂带。沿途穿越河流 47 处，跨越河流 55 处，穿铁路 4 处，穿高速公路 3 处。

靖安—咸阳输油管道采用 X52、X42 直缝电阻焊钢管管材。根据每段设计输量、压力的不同选用了 ϕ273.1mm×6mm、ϕ377mm×7(8)mm、ϕ323.9mm×6mm(7mm、8mm) 三种管径。全线采用泡沫塑料黄夹克保温，外加电流阴极保护。设计中共采用了 17 项科学、适用的工艺技术，其中高压输油工艺、DDC 地基处理技术、黄土塬水工保护技术、RTK 测量技术等当时在国内同类管道中均为首次采用。

靖安—咸阳输油管道中的清峪河跨越为控制性工程，属于大型跨越工程，位于陕西省三原县境内，河谷断面呈"U"形，上口宽度 236m，下口宽度 160m，沟深 34m，岸坡陡立；设计采用悬索跨越结构，跨越管线为 ϕ323.9mm×9mm，结构主跨 268m，矢跨比 1/14；塔架为锥形四柱钢管塔架，高 25m，锚墩为重力式锚墩。该跨越为长庆油田输油系统的最大跨越工程之一。

靖安—咸阳输油管道工程于 2001 年 9 月一次投运成功，各项工艺技术参数先进，均达到或超过了设计要求的技术指标。

主要工程量：

全线共设输油站场 7 座，其中输油首站 1 座，输油站 1 座，分输站 1 座，加压站 1 座，加热站 2 座，输油末站 1 座，截断阀室 18 座。自动化控制采用以站控为主的数据采集技术和卫星通信方式。

主要技术：

靖咸输油管道共采用了 17 项科学、适用的工艺技术，其中 6 项为国内首次应用。

输油工艺 3 项：原油低温输送工艺；原油密闭输送工艺；高压输送工艺（首次应用）。

线路 1 项：形成了"管沟夯实回填、草袋装草籽护坡、灰土截水墙截水渠截水、灰土及砼排水渠组织排水、灰土鱼脊梁分解水流以及陡坎护管、石砌护壁、固定支墩稳管及管线斜坡防侧滑"一系列黄土高原的线路水工保护、管道稳定技术。

自动控制方面 5 项：以计算机为核心的监控和数据采集技术（SCADA 系统）；水击超前保护和管道泄露监测技术（首次应用）；高落差压力自动调节技术；原油自动计量技术；机电一体化技术。

电气 1 项：变频调速技术（首次应用）。

防腐及阴极保护 2 项：采用单层环氧粉末+聚氨酯泡沫塑料保温管工艺（首次采用）；强制电流和牺牲阳极联合保护方式。

通信 1 项：采用 VSAT 卫星通信技术（首次应用）。

建筑及地基治理 3 项：深层强夯（DDC 法）地基处理技术（首次应用）；滑坡治理技术；UBS 轻钢泄压屋盖技术。

测量 1 项：采用 RTK GPS 测量（首次采用）。

六、马惠原油管道安全升级改造工程

设计时间：2013 年 8 月—2014 年 5 月。

投产时间：2015 年 8 月。

建设规模：$300×10^4$ t/a。

项目简介：

马惠原油管道升级改造工程以"打造管道本质安全、完善管道功能"为核心，以应用新技术、新方法为手段，降低建设、运行中的安全风险，形成了安全、先进、经济的原油管道安全升级改造配套技术，对油田同类管道升级改造起示范作用。同时使得长庆油田陇东原油南出口咸阳、北出口惠安堡连通起来，实现灵活调配，促进了长庆油田原油外输系统的完善，形成区域相济、调配灵活的环状输油管网。

马惠原油管道安全升级改造工程南起曲子首站，北至惠安堡末站，全长约 190km，其中曲子—环北段管径 ϕ273.1mm×6.4mm，设计输量 $100×10^4$ t/a，设计压力 6.3MPa；环北—洪德段管径 ϕ323.9mm×6.4mm，设计输量 $200×10^4$ t/a，设计压力 6.3MPa；洪德—惠安堡段管径 ϕ355.6mm×7.1mm，设计输量 $300×10^4$ t/a，设计压力 8MPa/6.3MPa。全线共设站场 4 座，分别为曲子首站、洪德热泵站、环北插输站及惠安堡末站，设线路阀室 6 座。

马惠管道是长庆陇东地区原油北上外输唯一通道，穿越陇东油区，已建油区其他管道纵横交错，共计有河流、冲沟及公路穿越30次（其中环江穿越11次），穿越其他管道47次，穿越地下光缆95次，穿越非等级公路108次，与银西高铁交叉10余次，与杨黄环定输水管道交叉10次。

马惠管道具有衔接点多、新老关系复杂、安全隐患问题严重等难点，站场采用边运行、边改造的方式，在站内实现动火连头作业。站内输油泵房首次采用轻钢结构+桥式吊车+吸音降噪结构结合的建筑模式。管道采用高精度惯性导航和ADS80宽幅推扫式航测技术，影像地图制作自动化高、速度快、信息量丰富。同时采取航测技术+线路智能设计系统，实现"智能扫线、智能变坡点、智能添加水工保护、高后果区智能识别"等设计手段。

马惠管道工程于2015年8月一次投运成功，各项工艺技术参数先进，均达到或超过了设计要求的技术指标。

主要工程量：

全线共设输油站场4座，其中输油首站1座，热泵站1座，插输站1座，输油末站1座，截断阀室6座。自动化控制采用以站控为主的数据采集技术和卫星通信方式。

主要技术：

马惠管道共采用了10余项科学、适用的新工艺、新技术，其中储罐改造不动火新技术、外贴式超声液位检测技术、采用计量清管器收发一体化集成技术、双重模块冗余独立ESD技术、大型悬索跨技术、OTN（光传送网）波分复用技术等均为长庆油区首次使用。

七、吴起—延炼输油管道工程

投产时间：2007年10月。

建设规模：$750×10^4$t/a。

项目简介：

吴起—延炼原油管道（后简称吴延管道）起自陕西省吴起县石百万输油首站，止于延炼输油末站，线路长度273km，设计任务输量为$750×10^4$t/a。吴—延管道采用加热输送为主、加剂热处理输送为辅的密闭输送工艺，采用$\phi457$mm/$\phi406.4$mm/$\phi323.9$mm，设计压力采用9.0~6.3MPa压力等级，管材L415，干线设站场6座。

吴延管道采用多支线原油管道密闭输送自控技术、原油加剂输送及原油自动计量等工艺技术。吴延管道的建成投产使延安市原油由汽车运输改为管道运输，大大降低油气消耗，对改善当地交通运输、环境起了重大作用。

吴延管道洛河大型跨越工程是该工程的控制性工程，洛河跨越是公司成立以来第一个大荷载跨越。采用悬索跨越结构，结构主跨164m，矢跨比1/10；塔架为锥形四柱钢管塔架，高16m；跨越上布设4条管线，分别是$\phi508$mm×9.5mm输油管线、$\phi219$mm×6mm输水管线（3条）、$\phi273$mm×6mm蒸汽管线。

吴延管道于2007年一次建成投产。

主要工程量：

站场6座（石百万输油首站，延炼输油末站，甘泉输油站，双河、下寺湾、富县等3座中间插输站），输油线路$\phi457$mm/$\phi406.4$mm/$\phi323.9$mm长度273km。

主要技术：

（1）采用加剂降凝热处理+泡沫塑料"黄夹克"低温输送工艺；

（2）变频调速插输密闭输油工艺；

(3) 大倾斜大厚度湿陷性黄土场地上大型储罐地基处理技术。

八、靖边—榆林输油管道工程

设计时间：2002 年 6 月—2002 年 12 月。

投产时间：2004 年 7 月。

建设规模：$80×10^4$ t/a。

项目简介：

靖边—榆林输油管道输送介质为汽油和柴油成品油。起点为陕西省靖边县榆林炼油厂靖边输油首站，途经靖边、横山、榆阳 3 县区 11 个乡镇，终点为榆林市经济技术开发区南站闫庄则榆林输油末站，线路全长 118km。首末站高差 323.29m，沿途起伏较大。管道所经区域均为毛乌素沙漠南缘，主要地貌为流动沙丘—半固定沙丘、固定沙丘、风沙滩地。管道沿途穿跨越河流沟渠 18 处、省级公路 2 处、铁路 2 处。

管道采用 ϕ219.1mm×5.2mm 直缝电阻焊管，材质为 L290。全线采用环氧粉末防腐外加电流阴极保护。工程采用先进的密闭顺序输送工艺技术，并研究应用了多项工艺配套技术，创新了 8 项技术成果，实现了管道经济、环保、全自动化管理，投产至今系统运行安全、平稳，混油界面监测和跟踪系统水平较高、混油量少，整体工艺水平达到了国内先进水平。

主要工程量：

输油线路长度 118km，输油站场 2 座，线路截断阀室 6 座，在线自动监测密度室 3 座。末站建设有自动化定量汽车装车设施、56 鹤位的火车装车栈桥设施及相应的辅助生产设施。

主要技术：

（1）等温密闭输送工艺技术；

（2）成品油顺序输送工艺技术；

（3）首站不停输油品自动切换技术；

（4）混油界面自动在线监测、跟踪工艺技术；

（5）双密度计混油自动切割控制技术；

（6）混油处理技术；

（7）变频调速及输油工况调节保护技术；

（8）管道泄漏自动监测及定位技术。

九、延炼—西安成品油管道工程

设计时间：2007 年 3 月—2008 年 11 月。

投产时间：2009 年 7 月。

建设规模：$500×10^4$ t/a。

项目简介：

延炼—西安成品油管道是陕西省一条横贯南北的输油及经济大动脉，是陕西省 2008—2009 年度重点工程。延炼—西安成品油管道是走出陕北、穿越关中，连接产销两地的一条重要能源大动脉，在临潼、灞桥形成一个相当规模的成品油集散中心，对于优化陕西省能源战略布局，促进陕北老区以及工程沿线地区相关产业的发展都具有十分重要的意义。与公路运输相比，每年可节省运输和油品损耗等费用 5.98 亿元，同时有效解决了汽车运输造成的跑、冒、滴、漏现象和交通压力，具有十分显著的经济、环保和社会效益。

延炼—西安成品油管道设计任务输量为 500×10⁴t/a，输送的油品为柴油（5#、0#）、汽油（90#、93#），柴汽比 1:0.7。延炼—西安成品油管道具有"地形起伏落差大、区域地质复杂、输量变化大、输送油品多样"等技术特点以及难点。工程于 2009 年 5 月一次成功投产，各项生产运行指标均达到了设计要求，管道的整体技术水平达到了国内先进水平。图 4-15 为首站油库罐区，图 4-16 为装卸车栈台。

图 4-15　首站油库罐区　　　　　　　图 4-16　装卸车栈台

延炼—西安成品油管道起点为位于延安市洛川县交口河镇的延安炼油厂惠家河油库西侧，终点为位于西安市临潼区斜口镇岳沟村和灞桥区邵平店之间，管道沿线途径陕西省延安市、铜川市、咸阳市、西安市等 4 市 11 个县区，全长 201km，站场 3 座，阀室 11 座，新建成品油储罐 28×10⁴m³。其中渭河水平定向钻穿越是控制性工程，穿越位于渭河南岸大堤河道内。管道穿越方向从北向南，由北岸为入土，在经过南岸河漫滩后穿过大堤在距大堤坡脚 211.7m 外出土，穿越水平长度 1630.8m。穿越方式为水平定向钻一次穿越。

主要工程量：

延炼—西安成品油管道线路 $\phi426/\phi377$mm 长度 201km，站场 6 座（延炼输油首站、铜川清管站、西安输油末站），阀室 11 座、阴极保护站 3 座（与站场合建）。

主要技术及创新：

(1) 一泵到底的密闭输送工艺；
(2) 混油控制技术；
(3) 变径减压及清管技术；
(4) 变频与调压相结合输送技术；
(5) 混油界面跟踪监测及切割技术；
(6) 混油掺混技术。

十、小结

西安长庆科技工程有限责任公司（长庆勘察设计研究院）通过多年的输油管道工程勘察设计，在黄土地区、沙漠地区和横断山区等复杂地域内管道设计积累了丰富的设计经验，形成了原油加热、加剂输送工艺、成品油顺序输送工艺等技术系列，在混油控制技术、混油掺混技术等方面形成多项科研成果。

第三节 输气管道工程

一、中缅天然气管道工程

设计时间：2011年5月—2013年2月。

投产时间：2013年8月。

建设规模：$100 \times 10^8 \mathrm{m}^3/\mathrm{a}$。

项目简介：

中缅天然气管道工程是国家实施能源战略的重点项目之一，是天然气进口的四大通道之一——西南通道。管道起自缅甸西海岸皎漂，从云南省瑞丽市入境，至贵州省安顺再南下到达广西贵港市，实现与西二线联网。

中缅天然气管道工程（国内段）第一合同项是由公司与四川科宏石油工程有限责任公司联合设计的天然气长输管道。第一合同项起点为中缅边界云南省德宏州瑞丽市弄岛58号界桩附近的瑞丽分输压气站首站，管道沿线经过云南省德宏州、保山市、大理州，止于大理州祥云县和楚雄州南华县的交界点力必甸村。第一合同项管道长度483.5km，管径ϕ1016mm，设计压力10MPa，采用X80/X70级钢管。

中缅天然气管道与原油管道、云南成品油管道并行（同沟）铺设，它是国内首次长距离三管并行敷设的油气管道工程。天然气站场、原油站场采取合建的方式，配套系统共用。图4-17为三管跨越澜沧江图，图4-18为油气合建站场工艺区图。

图4-17　三管跨越澜沧江图

图4-18　油气合建站场工艺区

主要设计工程量：

第一合同项天然气管道长度483.5km，管径ϕ1016mm。河流大型穿越1处、跨越3处，山岭隧道穿越23条，河流中型穿越7处，Ⅱ级以上公路穿越57处，铁路穿越11处，站场5座，线路截断阀室18座。

主要技术：

（1）输气管道、输油管道并行（同沟）敷设技术开创国内长距离油气输送管道的先例；

（2）天然气站场、原油站场合建是国内长输管道首例工程；

（3）站场采用橇装化安装方式，加快工程建设进度；

（4）横断山区油气管道设计、施工开创了国内首例；

（5）在地震断裂带采用大应变钢管，提高管道延伸性能；

（6）隧道群穿越山体数量是国内长距离输气管道建设史上最多的一条管道；

（7）怒江跨越（500m）、澜沧江跨越（296m）、漾濞江跨越（335m）是国内跨越国际性河流的第一条输气管道；

（8）RTU阀室强电防护技术与全线阴极保护数据实时传输技术（光缆传输）；

（9）站场内埋地钢制管道MMO柔性阳极区域性阴极保护技术。

二、西气东输管道工程

设计时间：2001年8月—2003年11月。

投产时间：2003年12月。

建设规模：$120×10^8 m^3/a$。

项目简介：

西气东输管道横贯我国东西，起点为新疆塔里木的轮南油田，终点为上海市西郊白鹤镇的上海末站，管道自西向东途经新疆、甘肃、宁夏、陕西、山西、河南、安徽、江苏和上海市等9个省（区）市。线路全长约3900km，全线施工图设计分为14个设计标段、27个施工标段，分别由中石油下属设计单位按标段完成设计。

西安长庆科技工程有限责任公司承担了第9设计标段（第12、13施工标段）施工图设计。该段线路始于中宁县与中卫县界，终点为靖边压气站。途经过宁夏回族自治区及陕西省的5个县，全长293km。沿线穿（跨）越冲沟、河、渠共计57处；穿越公路18处。

主要技术：

（1）国内首次在天然气长输管道上采用L485级高强度及φ1016mm大口径钢管，设计压力高达10MPa，开创了中国长输管道史的新篇章；

（2）采用顶管穿越古长城方案；

（3）采用穿越与单管跨相结合的方案处理连续通过冲沟群，降低了水工保护工程量；

（4）依据不同的地貌单元类型、植被状况分别进行有针对性的地貌恢复，实现了建设绿色管道的承诺；

（5）管道外防腐涂层全线采用三层结构聚乙烯防腐层，补口采用带配套底漆的三层辐射交联聚乙烯热收缩套。性能优良的防腐材料及科学的临时性阴极保护方案，确保了管道通过盐渍化地段的安全。

三、西气东输二线管道工程

设计时间：2007年10月—2008年8月。

投产时间：2009年12月（西段投产）。

建设规模：$300×10^8 m^3/a$。

项目简介：

西气东输二线西起新疆的霍尔果斯口岸，管道总体走向为由北向南、由西向东，东至浙江、上海，南至广东、广西，途经新疆、甘肃、宁夏、陕西、河南、湖北、江西、广东、广西、浙江、上海、湖南、江苏、安徽、香港共15个省级行政区，线路系统包括1条干线、13条支干线和30条支线，线路总长度17317km，设计输气能力$300×10^8 m^3/a$，是一条连接中亚进口气源、国内塔里木气田、准噶尔气田、吐哈气田、长庆气田和沿线中西部地区、华东、华南、长三角、珠三角等用气市场的重要管道。

西气东输二线管道工程由中石油下属6家设计单位组成设计联合体完成勘察设计。西安长庆科技工程有限责任公司完成了西段（霍尔果斯首站—中卫联络压气站段）的第5设计标段（第9、第10、第11施工标段）设计。线路西起酒泉市与高台县界，东至景泰县与中卫界。管道沿线过经8个县（市），全长510km，包含河流穿越13处、铁路穿越7处、公路穿越16处、古长城穿越7处，穿越地震活动断裂带一处，标段内设有阀室14座，压气站3座、分输站1座。

主要技术：

(1) 国内首次在天然气长输管道上大面积使用X80级高强度、ϕ1219mm大口径钢管；
(2) 设计输气压力高达12MPa；
(3) 首次采用基于GIS平台进行线路优化，提高了定线的准确性；
(4) 首次采用大应变钢管处理活动断裂带穿越；
(5) 首次在长输管道中进行了系统的排流设计；
(6) 利用GIS平台初选与现场踏勘调研相结合的方式，提高了站场、阀室选址效率。

四、西气东输淮武支线管道工程

设计时间：2004年3月—2006年9月。

投产时间：2006年12月。

建设规模：$15\times10^8m^3/a$。

项目简介：

西气东输淮武支线管道工程是公司与中石油规划总院联合完成可研报告的编制，与大庆石油工程有限责任公司联合完成初步设计和施工图设计。管道起点为河南省淮阳市西气东输管道淮阳分输站，终点为湖北省武汉市蔡甸区的忠武线武汉西计量站，全长460km，管径ϕ610mm，设计压力10MPa，全线采用L415级钢管，全线设置3座站场、23座阀室，设计年输气量$15\times10^8m^3$。淮武支线管道工程实现了塔里木、长庆、川渝天然气向中南地区多气源供气系统，不仅资源可以互相调配、实现天然气跨区域大范围灵活调配，而且提高了管道的供气安全、可靠性。

淮武支线管道是公司在水网地段的第一条大口径、长距离输气管道设计；管道沿线河流大型穿越5次，分别是沙（颍）河、淮河、溮水、府河、汉江，为公司积累了丰富的水网地段管道设计经验。淮武支线管道淮河穿越处河床断面呈宽"U"形，主河槽为砂质河槽，床砂密实度较差。穿越采用定向钻穿越方式，河心段最低点管顶覆土厚度约15m。定向钻穿越入土角为9°，出土角为5°，曲率半径920m。

主要工程量：

输气管道管径ϕ610mm长度180km（公司完成施工图设计的线路长度），阀室10座。管道全线河流大型穿越5处（汉江、淮河等），高速公路穿越10次、铁路穿越4次。

主要技术：

(1) 管道在水网地区敷设约90km，是公司在水网地段的第一条长输管道设计；
(2) 淮武支线管道具有保安供气功能，实现国内两条主要产气区的天然气资源调配；
(3) 管道全线采用航空测量方式。

五、苏—东—准输气管道工程

设计时间：2009年10月—2010年2月。

投产时间：2011年10月。

主要参数：$27×10^8 m^3/a$。

项目简介：

苏—东—准输气管道工程包括一条干线和四条支线。干线管道起点为内蒙古区鄂尔多斯市鄂托克旗长庆苏里格第三天然气处理厂附近的苏米图首站，终点内蒙古区鄂尔多斯市达拉特旗达拉特末站，设计年输气量 $27×10^8 m^3$，干线输气管道长度 246km，管径 ϕ660mm×8.7mm/10.3mm/11.9mm，设计压力 6.3MPa，沿线设有 4 座站场、6 座阀室；支线管道长度 174km，设置 3 座站场，3 座阀室。

苏—东—准输气管道工程主要为管道沿线的工业、商业和民用用户供气。采用密闭清管、不增压输送工艺。主管采用 L360 螺旋双面埋弧缝焊钢管。管道全线所经地貌为沙漠、丘陵等。管道采用沟埋敷设方式。管线采用 3LPE 防腐层防腐，并采取强制电流的阴极保护方式来保护管道。管道沿线敷设 12 芯铠装光缆，为全线 SCADA 系统传输数据。输气管道采用 SCADA 系统进行全线的调度、控制和管理。管道测量首次采用 POS 辅助航空摄影测量技术，即采用数码航测相机航摄的同时，搭载 GPS 及 IMU（惯性测量装置），实时获取影像的外方位元素，为后期的空三加密提供多余观测量参与平差，减少空三加密对外业像控点的需求数量。

主要设计工程量：

主要工程量包括 ϕ660mm 长度 246km，ϕ610mm 长度 110km，ϕ508mm 长度 26km，ϕ406mm 长度 2.2km，ϕ356mm 长度 36km；管道全线设站场 7 座（苏米图首站、四十里梁清管站、耳字壕分输站、达拉特末站、大路末站、沙圪堵末站和杭锦旗末站），阀室 10 座。站场为天然气输气工艺及土建、仪表、电气、热工、暖通、机械、通信、防腐保温、阴极保护等配套设施的中型站场。

主要技术：

（1）采用密闭不增压输送工艺；

（2）采用 SCADA 自控技术；

（3）采用沙漠区水土保持和水工保护技术；

（4）首次采用 POS 辅助航空摄影测量技术。

六、长庆—蒙西输气管道工程

设计时间：2006年7月—2007年11月。

投产时间：2008年10月。

主要参数：$9.0×10^8 m^3/a$。

项目简介：

长庆—蒙西输气管道起点为内蒙古乌审旗境内陶利镇输气首站，终点为棋盘井开发区工业园内的输气末站，设计年输气量 $9×10^8 m^3$。输气管道长度 230km，管径 ϕ508mm×6.3mm/7.1mm/8mm，设计压力 6.3MPa，采用密闭清管、不增压输送工艺。管道全线设站场 3 座，设置阀室 7 座，主管采用 L415 螺旋双面埋弧缝焊钢管。管线途经两旗 8 个苏木 2 个镇，地貌为沙漠地貌、波状高原地貌和丘陵地貌，管道采用沟埋敷设方式。管道沿线共有铁路穿越1次、国道和高等级公路穿越2次、普通公路穿越25次，管道通过180km的草场和23km西鄂尔多斯国家级自然保护区试验区。管道采用3LPE防腐层防腐，并采取强制电流的阴极保护方式来保护管道。通信采用光纤传输系统和备用移动电话公网系统方案，调度中心采用膜式壁真空热水锅炉供热方式，管道全线采用SCADA系统，以站控为主，控制中心可对管道进行统一的监控和调度管理，满足工程生产管理和调度业务要求。

长庆—蒙西管道是公司首次完成的沙漠高水位地段敷设长距离输气管道，且管道在国家级自然保护区内敷设约23km，为日后管道通过保护区的设计积累了经验；管道勘测全线采用先进的航测技术。

主要工程量：

线路 ϕ508mm 长度230km，站场3座（陶利首站、乌兰分输站和棋盘井末站），阀室7座、阴极保护站3座（与站场合建），调度中心1座。站场为天然气输气工艺及土建、仪表、电气、热工、暖通、机械、通信、防腐保温、阴极保护等配套设施的中型站场。

主要技术：

（1）在输气管道中首次采用DN500发球阀；
（2）在沙漠高水位地段敷设长距离输气管道是公司首次完成的设计任务；
（3）管道在国家级自然保护区内敷设约20km，为日后管道通过保护区的设计积累了经验；
（4）管道勘测全线采用先进的航测技术，采用管线走向趋势关键点的定位技术、复杂地段双航带的线路比选技术、DSM环保评价技术、航测图线路局部优化技术等使得线路走向科学、合理。

七、长—呼输气管道工程

设计时间：2000年3月—2002年9月。

投产时间：2004年10月。

建设规模：$9.6\times10^8m^3/a$。

项目简介：

长呼输气管道工程是内蒙古自治区"十五"期间的重点项目之一，是自治区"西部大开发"的标志性工程。长呼管道利用长庆气田天然气向内蒙古自治区鄂尔多斯市、包头市和呼和浩特市及管道沿线的工业、商业和民用用户供气。天然气管道干线起自内蒙古鄂尔多斯市乌审旗纳林河乡的长庆气田第二净化厂附近的输气首站，终点为呼和浩特末站，全长486km，管径 ϕ457mm，设计压力6.4MPa，管线采用L415级钢管，全线设置6座站场、21座阀室，设计年输气量 $9.6\times10^8m^3$。

长—呼管道在毛乌素沙漠腹地长度约70km，管道采用沟埋敷设方式，开创了国内长距离输送管道穿越黄河的先例，是国内毛乌素沙漠和库布齐沙漠内第一条油气长输管道。

主要工程量：

线路 ϕ457mm 长度486km，站场6座（纳林河首站、查镇分输分输站、东胜分输站、包头分输站、土右旗分输站和呼和浩特末站），阀室21座、阴极保护站6座（与站场合建）。站场为天然气输气工艺及土建、仪表、电气、热工、暖通、机械、通信、防腐保温、阴极保护等配套设施的中型站场。

管道全线河流大型穿越1处（黄河穿越），高速公路穿越12次、铁路穿越10次。

主要技术：

（1）开创了国内长距离输送管道穿越黄河的先例；

（2）长呼管道是国内毛乌素沙漠和库布齐沙漠内第一条长输管道，为日后管道在沙漠地区内建设积累了防风固沙、水土保持的经验；

（3）输气管道采用不增压输送、密闭清管工艺；

（4）采用SCADA自控系统，对管道进行统一的监视、控制和调度管理。

八、应县—张家口天然气输气管道工程

设计时间：2006年7月—2009年9月。

投产时间：2010年10月。

主要参数：$9.3 \times 10^8 m^3/a$。

项目简介：

应县—张家口天然气输气管道起自山西省朔州市应县北曹山北部应县首站（陕京一线应县压气站东北），止于河北省张家口市东山产业集聚区内张家口末站，管道沿线途二省（山西、河北）、三市（朔州、大同、张家口）、六县（应县、怀仁、大同、阳高、阳原、宣化）、二区（宣化、张家口市东山区），全长267km。其中河北段管道长度158km，山西段管道长度109km，管径ϕ508mm×6.4mm/7.1mm/8.7mm/10.3mm。设计压力6.3MPa。管道沿途河流大中型穿越3处、铁路穿越2处、高速公路穿越4处。管线采用L415螺旋缝双面埋弧焊钢管。全线设4座站场（应县首站、张家口末站、阳原清管站、宣化分输站）、线路截断阀室10座、SCADA中心1座。

主要设计工程量：

线路ϕ508mm长度267km，站场4座（应县首站、阳原清管站、宣化分输站和张家口末站），阀室10座。站场为天然气输气工艺及土建、仪表、电气、热工、暖通、机械、通信、防腐保温、阴极保护等配套设施的中型站场。铁路穿越1次，高等级公路穿越1次。

主要技术：

（1）不增压输送、定期清管技术；

（2）超声波流量计贸易交接计量技术；

（3）以站场控制为主的SCADA系统；

（4）阀室在线动态监控技术；

（5）三层PE结构外防腐层+强制电流阴极保护防腐技术。

九、大唐煤制天然气管道北京段（古北口—高丽营）工程

设计时间：2011年2月—2012年7月。

投产时间：2014年12月。

主要参数：$50 \times 10^8 m^3/a$。

项目简介：

大唐煤制天然气管道北京段（古北口—高丽营）工程输送介质为煤制天然气。管道起点为古北口古长城隧道穿越处，经密云分输站至高丽营末站，途经北京市密云区、怀柔区、顺义区，全长约115km。通过京津冀环线管道与陕京管道和东北天然气管网系统联网，实现

大区域调配。工程经过地区密云县地势较高，海拔高程在50~415m，多为低山、丘陵地段，局部在山区河谷内敷设；北京市怀柔区—顺义区地势较低，海拔高程在40~60m。地貌单元主要为丘陵、山间沟谷、河谷及山前冲洪积扇，管道沿线整体地形起伏较大。管道采用螺旋缝埋弧焊钢管，材质为L485。全线采用环氧粉末和三层PE相结合防腐，外加电流阴极保护。沿途穿跨越河流沟渠15处、隧道穿越2处。

主要工程量：

站场3座，为巴克什营首站（与大唐SNG项目巴克什营末站合建）、密云分输站和高丽营末站。阀室8座（其中监控阀室6座，监视阀室2座）。沿线隧道穿越2处，河流大中型穿越15处。图4-19为高丽营末站调压计量区图，图4-20为苍术会隧道穿越。

图4-19 高丽营末站调压计量区

图4-20 苍术会隧道穿越

主要技术：
(1) 全线工艺站场站设计达到"有人值守、无人操作、远程监控"的控制水平；
(2) 采用SCADA系统对全线各站场及监控阀室进行监控、调度和管理等。

十、韩—渭—西煤层气输气管道工程

设计时间：2010年3月—2012年9月。
投产时间：2012年10月。
建设规模：$19.0 \times 10^8 m^3/a$。
项目简介：

韩—渭—西煤层气输气管道工程起点为陕西省渭南市韩城市中石油韩城煤层气处理厂内的输气首站，终点为西安市的西安末站，全线位于陕西省渭南市和西安市。设计输量为$19.51 \times 10^8 m^3/a$。管道长度为192km。采用密闭不增压的输送工艺，设计压力4.0MPa，管径$\phi 559mm$，干线共设置工艺站场7座，分别是韩城首站、合阳分输站、光伏分输站、大荔分输站、卤阳湖分输站、渭南分输站和西安末站，管道全线采用3LPE外防腐方式，采用阴极保护和防腐涂层防护联合保护的方式对管道进行保护，采用以计算机为核心的SCADA系统，实现三级调度管理，与管道同沟敷设16芯管道光缆，将管道运行参数上传至调度中心，备用电源采用煤层气发电机组。

韩—渭—西煤层气输气管道被渭南市列为2010年度重点建设工程，工程的实施对煤层气的综合利用、加快当地产业结构调整、转变经济发展形势有着十分重要的作用。

主要设计工程量：

主要工程量包括：线路部分 φ559mm 管道 192km，站场 7 座、阀室 6 座，以及土建、仪表、电气、热工、暖通、机械、通信、防腐保温、阴极保护等配套工程。

主要技术：

（1）站场采用模块化、标准化设计；

（2）公司首次在输气管道工程中应用高后果区识别技术；

（3）利用 SSK 系统进行空中三角测量生成数字地面模型（DEM）、数字正射影像（DOM）、数字线化图（DLG）、线路纵断面数据、建立三维景观模型，测量像片航向重叠为 60%～65%，像片倾斜角一般不大于 2°。

十一、临县—柳林—临汾煤层气输气管道工程

设计时间：2010 年 8 月—2011 年 7 月。

投产时间：2013 年 11 月。

主要参数：$4.99×10^8 m^3/a$。

项目简介：

临县—柳林—临汾煤层气输气管道起点为山西省吕梁市临县首站，终点位于山西省临汾市尧都区临汾末站，设计输气量 $4.99×10^8 m^3/a$，主要为管道沿线的工业、民用用户供气。输气管道长度 467km，管径 φ508mm×6.3mm/7.1mm/8mm，设计压力 6.3MPa，采用密闭清管、不增压输送工艺。管道全线设站场 6 座，设置阀室 16 座，主管采用 L415 螺旋双面埋弧缝焊钢管。管道全线所经地貌为黄土梁峁、黄土残塬、黄土斜坡、沟壑、河谷地貌等。管道采用三层 PE 防腐层防腐，强制电流的阴极保护方式来保护管道。管道沿线敷设 12 芯铠装光缆，为全线 SCADA 系统传输数据。

临县—柳林—临汾煤层气输气管道是目前国内距离最长的一条输送煤层气的管道。管道沿线条件复杂。管道穿越五个林场 53km，管道沿线煤层埋深小于 1200m 的有矿权设置段长度 51.2km，无矿权分布地段长度 109.5km，且沿线煤矿均有开采历史，有不同程度的采空区，采空情况复杂；管道沿线地质滑坡灾害 14 处；管道与离石断裂和罗云山断裂等全新世活动断裂相交 2 次，管道位于地震动Ⅷ度区长度 21.29km。针对沿线条件的复杂性，设计首次在地震断裂带、压覆矿产区域设计了管道应力应变监测系统，为管道安全运行保驾护航。

主要设计工程量：

临县—柳林—临汾煤层气输气管道工程管径 φ508mm 长度 467km，管道全线设站场 6 座（临县首站、离石分输站、隰县分输站、乡宁分输站和临汾末站及石口末站），阀室 16 座、阴极保护站 6 座（与站场合建）。站场为天然气输气工艺及土建、仪表、电气、热工、暖通、机械、通信、防腐保温、阴极保护等配套设施的大型站场。干线管道河流中型穿越 6 处、穿越小型穿越 117 处，高速公路穿越 2 次［太佳高速（在建）、青银高速］、铁路穿越 7 次（规划中铁路）、高等级公路 26 次（G309、G209 等），其他道路 147 次。

主要技术：

（1）采用正反输、插输煤层气的输气工艺技术；

（2）在通过地震断裂带处、压矿区域内采用管道应力应变监测技术；

（3）高烈度地区的建筑抗震设计技术。

第四节 总　　结

西安长庆科技工程有限责任公司从 1990 年开始开展天然气管道业务以来，经过二十多年的研究与实践，在天然气管道、煤层气管道方面的密闭增压输送、多点插输与正反输、高后果区管道应力应变监测技术及黄土地区水工保护与水土保持等方面积累了丰富的设计经验，并形成多项科研成果，获得各类科技进步奖 10 余项。

第五章 建筑工程

第一节 概 况

长庆油田建筑工程的设计与建设，是以保障油气勘探开发为目标，为油气田的发展服务。设计业务涵盖了油气田产能地面建设工程，矿建工程，油气处理、炼化配套工程，管道穿跨越工程等。建筑设计能力达到 $150×10^4 m^2/a$，累计设计完成建筑工程总面积超过 $1250×10^4 m^2/a$。业务范围涉及大型居住区及工业园区规划、综合生产基地、高层建筑、油气管道穿跨越工程、大型储罐基础及地基处理、网架、高层工业钢平台、大跨度轻钢结构等。在油气田产能配套建设方面积累了丰富的经验。

自 1970 年石油勘探会战以来，共建设形成 1 个主中心基地（以西安兴隆园综合基地为依托，包括兴隆园基地办公区、原中学教学区以及辐射周边的凤城二路办公区、明光路石油新技术开发中心、凤城四路办公区、未央湖湖滨花园办公区）；2 个分中心基地（西安高陵泾渭工业园基地和银川产能配套综合基地）；4 个区域实训基地（西安实训基地、陇东实训基地、银川实训基地、长庆桥实训基地）；9 个区域综合基地（河庄坪基地、庆城基地、西峰基地、定边基地、冯地坑基地、顺宁基地、靖边基地、苏里格"5+1"基地、榆林基地）；规模大于 100 人的各类生产基地（含一线倒班点）79 个（其中陕西 49 个，甘肃 23 个，宁夏 3 个，内蒙古 4 个），另外有规模小于 100 人的食宿点（井区部）千余座。4 个区域性物资中转站（咸阳转运站、青铜峡库、西峰中转站、定边中转站），两个较大的代储物资地区中心库（靖边库、庆城总库）。共建有职工住房 $5×10^4$ 多套，建筑面积 $400×10^4 m^2$，住户人口约 $17×10^4$ 人。

第二节 建设历程

长庆油田建筑工程的设计与建设可大致分为三个阶段：

一、1970—1985 年油田创业阶段

此阶段油田的基地和矿区建设是按照"工农结合、城乡结合，有利生产、方便生活"的原则进行规划、逐步配套建设的。1975 年以前，以干打垒建筑为主；1975—1980 年，以砖木结构建筑为主；1980 年以后，开始建造砖混结构的楼房，并逐步配套完善了各种生活服务设施。累计建成房屋建筑面积 $250×10^4 m^2$，其中民用建筑面积 $177×10^4 m^2$。

在甘肃省庆城县城北关，以长庆石油勘探局机关为中心，建设了各种公共设施配套的石油基地。油田职工医院 1974 年建成住院部大楼，设有 500 张病床；1984 年建成传染病房及

门诊大楼，安装和配备了国内较为先进的医疗器械。1981年建成1367个座位的石油影剧院。1984年建成藏书20万册的中心图书馆。1980年建成长庆油田电视台，利用长输管道微波通讯线路，可以接收宁夏和中央电视台播放的电视节目。还建有勘探开发研究大楼，安装了先进的电子计算机系统；设计大楼和钻采工艺大楼，成为油田重要的科学研究中心。还建有可容纳4133名学生的职工子弟中学和小学，有设施齐全的教学楼和实验、办公楼。

以庆阳为中心，北至宁夏回族自治区灵武县马家滩、吴忠市9km，东至陕西省吴起县、富县，南至甘肃省泾川县、宁县长庆桥，分别建有采油、钻井、油建、地调、井下、电厂、机械厂等基地20余处、职工医院分院4座、职工子弟中小学50所、中等专业学院和技工学校各1所、职工疗养院1座、石油影剧院9座，形成了以甘肃省庆城县为中心的石油基地。图5-1至图5-3为创业时期的有关建设记录图片。

图5-1 油田会战最初的指挥部—甘肃 宁县 姜村

图5-2 职工自己动手盖房

图5-3 甘肃庆城县——会战初期机关所在地

图 5-4　甘肃长庆桥——会战初期指挥地

二、九十年代油田稳步发展建设阶段

为适应长庆油气田大发展，长庆油田从 90 年代陆续配套建设了西安基地、银川燕鸽湖基地、延安河庄坪基地、西安三桥基地、礼泉基地、咸阳基地、靖边生产基地等一大批生产生活基地，完善了庆阳等老基地，使职工的生产生活条件得到了极大改善。

三、新世纪油田 5000 万吨目标实现阶段

进入 21 世纪，随着长庆油田油气当量的不断攀升，科学技术水平的不断提高，数字化技术及 HSE 管理理念的应用，对"以人为本"理念的重视，这些都大大影响了长庆油田各类基地的建设和发展。在这一时期，相继建设了长庆龙凤园基地、泾渭苑小区、燕鸽湖基地扩建等生活基地。建设了西安高陵石油产业园（西安高陵综合办公区）基地、宁夏长庆工业园生产基地、定边油气综合生产基地、苏里格前线生产指挥部等一批综合性办公、生产指挥基地。

第三节　生活基地工程

一、庆阳基地

设计时间：1985—1996 年。

投产时间：1998 年。

建设规模：总建筑面积 $4.2\times10^4\mathrm{m}^2$。

项目简介：庆阳基地为原长庆局机关所在地，经过 30 余年的建设已建成了相当规模、

配套完善的生产、生活设施（图 5-5）。目前为长庆油田分公司第二采油厂、输油二处、第二采油处、水电厂，川庆钻探公司运输处生产、生活基地，庆阳总校，长庆局职工医院所在地（图 5-6）。

图 5-5　庆阳基地总体鸟瞰图

图 5-6　庆阳基地局部建设现状

207

二、西安长庆兴隆园基地

设计时间：1995—1996 年。

投产时间：1998 年。

建设规模：建筑面积 $40×10^4m^2$。

项目简介：西安长庆兴隆园基地位于西安市未央区迎宾大道南北中轴线东侧，石油基地北临城运村，西北方为西安咸阳国际机场，南距西安市钟楼约 7km。占地 $66.4×10^4m^2$，于 1996 年开工建设，规划职工住宅 5000 户，1998 年完成一期工程，目前已完成建筑面积 $38.08×10^4m^2$，住房 3034 套，完成投资 10.96 亿元。2000 年后又进一步扩建，现已建成综合办公大楼 2 幢、职工住宅 3000 多套，建筑面积 $40×10^4m^2$，是长庆油田集生产指挥、办公、科研、生活为一体，各项配套设施齐全、功能完善的综合性小区。先后荣获"全国青年文明社区"、全国首批"绿色社区"等荣誉称号。

长庆西安基地经过近几年的不断完善配套，已成为一个设施齐全，环境优美，有着一定文化底蕴的新型石油基地。长庆油田科研办公大楼、长庆大厦、长庆实业大厦等石油建筑群已成为西安经济开发区的地标性建筑，长庆油田快速发展也带动了西安经济腾飞。

图 5-7　西安兴隆园基地

图 5-8　油田公司机关办公楼

三、西安三桥基地（和兴园小区）

设计时间：1990—1992 年。

投产时间：1994 年。

建设规模：总用地 13.21 ha，总建筑面积 $14.15×10^4m^2$。

项目简介：长庆建设工程总公司和兴园小区，位于西安市未央区六村堡三桥工业园。一期工程建设于 1994 年，二期工程建设于 2002 年。整个小区占地 $13.21×10^4m^2$，总建筑面积 $14.15×10^4m^2$，小区共有住户 1202 户，总绿化面积 $4.72×104\ m^2$，完成投资 1.62 亿元。是一个集生活、办公、生产为一体的现代化住宅小区，具有进一步扩建的条件和基础。

四、银川长庆燕鸽湖基地

设计时间：1994 年 3 月—2004 年 4 月。

投产时间：2005 年 5 月。

建设规模：建筑面积 $90.35×10^4m^2$，人口规模 35000~40000 人。

图 5-9　和兴园小区局部鸟瞰图

项目简介：长庆油田银川燕鸽湖基地位于宁夏回族自治区首府银川市东郊，东临黄河，北依贺兰山，西接老城凤凰，南边是一望无际的塞上江南宁夏平原，小区中心的天然湖泊——燕鸽湖为基地带来了无限的诗意和灵气。

燕鸽湖基地占地 $178.43\times10^4 m^2$。1994 年投资建设，经过 10 多年的陆续扩建，现已建成住宅楼 252 栋，建筑面积 $100\times10^4 m^2$，1 万余住户，设施配套齐全，功能完善，环境优美，是集生产办公、科研、住宅、商贸等为一体的综合小区。基地整体规划突出人与自然的和谐，各项配套设施齐全，功能完善，园区环境优美，风景秀丽。先后荣获"全国城市物业管理优秀示范住宅小区"、全国首批"绿色社区"等荣誉称号，具有进一步扩建的条件和基础。图 5-10 至图 5-14 为燕鸽湖生活基地的相关记录照片。

设计特点：

（1）燕鸽湖基地的建设紧密结合自然环境，反映当代生态环境的设计观念，充分考虑环境设计的内容，展现环境艺术的魅力；

（2）新区的景观设计充分体现"塞上江南"的银川市的城市景观内涵，并形成整个基地山水相映、建筑、园林、山水互映互衬的景现特色，强化新城园林绿化建设和生态环境的综合规划，大规模进行城区绿化及环湖、沿沟绿化以及防护林带营造，使公共绿地、专用绿地、生产绿地、居住区绿地等的有机结合；

（3）燕鸽湖基地的景观设计充分体现了时代特色，并适当反映地方特色，努力探索地方文化与时代特色相协调问题，巧妙地表现了地方特色和传统文化内涵；

（4）建筑群设计结合周围的地形与地貌，组织高低起伏的城市天际廓线，创造开合疏密有致的空间序列，并兼顾建设阶段景观形成的相对完整性；

图 5-10 燕鸽湖生活基地卫星图

图 5-11 燕鸽湖湖心岛景观（a）

图 5-12 燕鸽湖湖心岛景观（b）

图 5-13 燕鸽湖小区服务中心

图 5-14 燕鸽湖小区多层服务中心

(5) 建筑的形式紧密功能要求，体量不求过大和过高，同时充分考虑了广场、主要干道交叉口等特殊地段对建筑高度与体量的艺术要求；

(6) 建筑色彩方面，拟以明快、略偏暖的色调为主调。单体建筑的色彩控制充分考虑周围建筑的协调配合，并首先满足主要建筑的色彩要求，使其他相邻建筑与之配合。

五、西安长庆泾渭苑

设计时间：2005 年 3 月—2005 年 6 月。

投产时间：2006 年 9 月。

建设规模：48.07×10^{4}m^2，建筑面积 31×10^{4}m^2。

项目简介：长庆泾河工业园区北区位于高陵县姬家乡，泾、渭二水自西向东流经县境南部，于马家湾乡泾渭堡村东北交汇，将全境切割为泾渭河北、渭河南和泾渭夹角 3 个自然区。咸铜铁路、西三一级公路、西禹公路南北穿境。高三、高永、高茹、高交公路贯通东西。27 条县乡干路纵横交错，形成四通八达的交通网络。

泾渭苑小区是长庆油田"万套住宅建设工程"的重要组成部分，是长庆石油勘探局正在建设的油田最大生活基地。是长庆油田依托大城市、面向大城市、把握大机遇、谋求大发展，进一步加快产业结构调整、创建模范和谐矿区的一项重要战略举措。工程共分三期建设，一期工程于 2005 年 4 月 1 日开工建设，占地 48.07×10^{4}m^2，现已建成住宅楼 66 栋 2600 余户，总建筑面积 31×10^{4}m^2。图 5-15 至图 5-19 为泾渭苑小区建设相关记录图片。

图 5-15　泾渭苑小区总平面图

图 5-16　泾渭苑小区内景

图 5-17　泾渭苑小区内景

图 5-18　泾渭苑小区中心景观

图 5-19　泾渭苑小区景观

设计特点:
(1) 分区明确、布局合理、交通组织流畅、清晰;
(2) 在规划中认真处理好建筑与环境、建筑与个人、个人与自然这三个方面的关系,以人为本,努力建设人性化生活空间;
(3) 渗透改革思想、利于企业重组、合并,资源共享,避免重复的生产环节、重复岗位、重复建设,开发利用社会服务,打破画地为牢、各自为政"大而全、小而全"的落后格局,有效节省建设投资;
(4) 新概念、新思路、新特色,采用新技术、新材料,建设长庆特色住宅小区;
(5) 充分考虑地理和环境优势,留有发展余地。

六、西安长庆泾欣苑

设计时间:2005年3月—2006年9月。
投产时间:2007年9月。
建设规模:32.1608×10⁴m²,总建筑面积33.51×10⁴m²;规划住宅3102户,居住人口9927人。

项目简介:西安长庆泾欣苑工程位于陕西省高陵县境姬家乡内,地处泾、渭河流交汇地带。距西安市中心约20km,距长庆兴隆园小区14km。场地南侧泾河,北临一横道,东侧为杨官寨村,西侧有姬杨路,与泾河大桥相通,交通便利。

场地呈不规则形状,地势平坦,总用地面积32.2×10⁴m²,其中代征路2.86×10⁴m²,居住区总占地面积为29.3×10⁴m²。规划住宅3102户,居住人口9927人,住宅总建筑面积33.51×10⁴m²。

图5-20 长庆泾欣苑工程规划图

图 5-21　长庆泾欣苑小区内景

图 5-22　长庆泾欣苑小区冬日雪景

图 5-23　长庆泾欣苑小区中心景观道路　　　图 5-24　长庆泾欣苑小区沿街商业

图5-25 长庆泾欣苑小区景观

图5-26 长庆泾欣苑小区景观

设计特点：

（1）营造绿色互相渗透的环境和绿树环抱的生活场所，塑造健康的空间居住环境和人性化的生活服务设施，强调充满活力运动的生活环境，创造现代化的社区环境，创建和谐宁静的生态栖居环境，打造和谐的居住氛围；

（2）通过科学合理、创造式的建筑规划设计，实现住宅区"八性"——原创性、均好性、功能性、归属性、标志性、延续性、舒适性、整体性，从而营造社区新的居住文化和生活理念，体现长庆的企业文化，为长庆人真正提供具有归属感、安全感、充满人情味和社区活力的生态社区；

（3）合理的功能分区；

（4）完善的道路交通；

（5）人性化的公共服务设施；

（6）独特的景观空间。

第四节 生产基地

一、长庆油区生产基地

1. 河庄坪基地

设计时间：1992—1993年。

投产时间：1993年。

建设规模：总用地面积 $51 \times 10^4 m^2$，总建筑面积 $29.18 \times 10^4 m^2$。

项目简介：长庆河庄坪基地位于延河之滨，连接着安塞油田，占地 $51 \times 10^4 m^2$，建筑面积为 $29.18 \times 10^4 m^2$，分为办公区、生产区、住宅区，距延安市区8km。

1993年原采油一厂迁往河庄坪基地，经过10多年建设，成为长庆油田陕北片的一个重要的生产、生活中心基地，图5-27至图5-29为河庄坪基地相关记录图片。

2. 高陵综合办公区

设计时间：一期项目2008年4月—2008年12月，二期项目2010年4月—2010年10月。

投产时间：2009年10月。

图5-27 河庄坪基地总平面

图5-28 河庄坪生活区景色

建设规模：总用地面积 $12×10^4m^2$，总建筑面积 $16.3×10^4m^2$。

项目简介：长庆油田高陵综合办公区位于西安泾河工业园区，是油田公司在西安为部分二级单位解决科研办公问题而建设的。东面紧邻高陵实训基地，南面正在规划泾欣园住宅小区。交通便利，环境优美。其主要入驻单位包括第一采油厂、第五采油厂、第六采油厂、第七采油厂以及第二采气厂。基地分两期建设，整体规划布局为"一轴两区"，"一轴"为主入口进入后的东西向景观轴，"两区"为沿西侧崇杨路的办公区以及东面的生活区。基地主要建筑包括6栋15层办公楼，3栋公寓楼，2栋食堂及活动中心，1栋物业保安楼，1栋会议中心。另外设有10kV开闭所、室外停车场（停车位266个）、室外活动场地等配套设施。是集办公、住宿、就餐为一体的大型综合楼办公基地。建成后可满足5400人办公、1900人住宿、2000人就餐的需求。图5-30至图5-32为高陵综合办公区设计规划图。

图 5-29 河庄坪基地生活区现状

图 5-30 高陵综合办公区总体鸟瞰图

图 5-31　办公楼效果图　　　　　　　　图 5-32　公寓楼效果图

3. 陇东前线生产指挥中心

设计时间：2009 年 2 月—2012 年 9 月。

投产时间：2010 年起陆续投运。

建设规模：占地 $23.93\times10^4\mathrm{m}^2$，总建筑面积 $9.9\times10^4\mathrm{m}^2$。

项目简介：陇东前线生产指挥中心位于甘肃省庆阳市西峰区岐黄大道与石油东路交汇处，基地于 2008 年开始筹划建设，2009 年 10 月开始破土动工，已建成近 $10\times10^4\mathrm{m}^2$ 的综合性生产基地。主要建有陇东生产指挥中心办公大楼、陇东数字化展厅、陇东实训基地、岩心库、职工公寓楼、职工食堂及活动中心、公安办公楼等。基地生产、办公、生活设施配套完善，既提升了庆阳市的整体城市风貌，又满足了长庆油田在陇东油区生产指挥的需要。建设的生产指挥中心大楼成为庆阳市的地标性建筑；数字化岩心资料中心规模居亚洲第一，荣获了集团公司优秀设计三等奖。图 5-33 至图 5-37 为陇东前线生产指挥中心平面规划图、效果图及相关建筑图片。

图 5-33　陇东前线生产指挥中心全景效果图

图 5-34　陇东前线生产指挥中心办公大楼

图 5-35　陇东前线生产指挥中心大门及职工公寓

图 5-36　陇东前线生产指挥中心消防楼

图 5-37　陇东前线生产指挥中心公安楼

4. 定边油气综合生产基地

设计时间：2007 年 4 月—2007 年 12 月。

投产时间：2009 年 12 月。

建设规模：占地 $15.06×10^4 m^2$，总建筑面积 $54191.6×10^4 m^2$。

项目简介：定边油气综合生产基地位于定边县西北，西环路中段。于 2008 初开始建设，至 2011 年基本建设完成。定位是原长庆局在定边地区的油气生产前线服务、协调、指挥中心；同时也是为第三采油厂、第五采油厂、第六采油厂、胡尖山、宁夏老区等油田提供技术服务的综合性基地。项目总用地 $15.06×10^4 m^2$，总建筑面积 $54191.6×10^4 m^2$。分为生活区及生产区，生活区用地 $6.5×10^4 m^2$，生产区用地 $6.07×10^4 m^2$，生活辅助区 $0.68×10^4 m^2$，市政代征路 $1.69×10^4 m^2$。生活区主要建设 1 栋办公楼、1 栋物业服务楼、1 栋食堂、2 栋活动中心、5 栋公寓楼、1 栋八厂前指公寓。生产区主要建设有 3 栋工房及库房、室外料场及停车场等。

定边油气综合生产基地自 2009 年 12 月投产后，有效地解决了樊学、王盘山、堡子湾、姬塬等油田区块生产指挥、职工生活和后勤保障等各种问题。为各入住单位顺利完成 2010 年生产建设任务提供了有力支撑。该项目获得 2011 年油田公司优秀设计一等奖。图 5-38 至图 5-42 为定边油气综合生产基地鸟瞰图及相关建筑图片。

图 5-38　定边油气综合生产基地总体鸟瞰图

图 5-39　定边油气综合生产基地办公楼

图 5-40　定边油气综合生产基地生活区公寓及食堂

图 5-41　定边油气综合生产基地物业服务楼

图 5-42　定边油气综合生产基地活动中心

5. 顺宁基地

设计时间：1994年7月—1995年5月。

投产时间：1997年9月。

建设规模：总建筑面积$4.68×10^4 m^2$。

项目简介：顺宁基地位于陕西省志丹县顺宁镇，已建成办公楼、公寓楼、招待所等建筑共$4.68×10^4 m^2$，入住人员1000人。主要负责靖安油田五里湾、虎狼峁作业区及周边区域的前线指挥、员工倒休等任务。入驻单位包括三厂前指、靖安集输大队、维修大队等20余个单位。图5-43至图5-45为顺宁基地建设相关图片。

图5-43　顺宁基地鸟瞰实景图

图5-44　顺宁基地出入口

图 5-45　顺宁基地

6. 合水油田服务保障点

设计时间：2009 年 10 月—2013 年。

投产时间：2010 年起陆续投运。

建设规模：占地 $6.66 \times 10^4 m^2$，总建筑面积 $1.43 \times 10^4 m^2$。

项目简介：合水油田服务保障点位于甘肃省合水县城东部，生产、办公、生活设施配套完善。主要承担超低渗第一项目部的前线指挥、员工倒班等任务。实现了靠前指挥、靠前生产组织、靠前服务保障，有效地发挥了区位优势，确保了合水地区的生产管理科学有序、组织运行高效顺畅。基地分为办公生活区、生产区、辅助区及预留用地。目前生活区建有 1 栋办公楼、1 栋活动中心、1 栋食堂、3 栋公寓，生产区建有 1 座工房及 1 座料库。辅助区建有锅炉房及泵房。保障点相关建筑图片如图 5-46 所示。

图 5-46　合水油田服务保障点内景

7. 安塞区侯市倒班点

设计时间：1991年—1992年。

投产时间：1993年。

建设规模：占地面积 $2.98×10^4m^2$，总建筑面积为 $1.18×10^4m^2$。

项目简介：侯市倒班点位于延安市安塞县侯市，始建于1992年，可满足250人食宿要求，职工250人（其中女工占1/3）。倒班点占地约 $0.58×10^4m^2$，总建筑面积为 $3477m^2$，主要功能包括住宿、食堂、茶炉浴室以及车库等。1994年侯市倒班点第一次扩建，以适应作业区生产管理的需要，倒班点名称改为侯杏区块作业区倒班点，实行大倒班工作制，扩建后人员设计规模为500人，建设内容包括办公、食宿、化验室、工房、库房以及加油站、锅炉房、消防驻勤等其他辅助设施。扩建后占地 $2.12×10^4m^2$，总建筑面积为 $8818.44m^2$，扩建建筑面积为 $5341.44m^2$。1996年侯市倒班点第二次扩建，扩建内容包括宿舍办公楼、办公楼、大班工房等，扩建后倒班点占地 $2.98×10^4m^2$，总建筑面积为 $1.1812×10^4m^2$，扩建建筑面积为 $2993.76m^2$。

8. 西峰倒班点

设计时间：2004年—2005年。

投产时间：2005年。

建设规模：占地面积 $2.98×10^4m^2$，总建筑面积为 $1.1812×10^4m^2$。

项目简介：西峰倒班点位于庆阳市西峰区，西面紧邻岐黄大道，北面为南4-2路。项目建于2005年，是西峰油田为解决前线职工生产、生活，统一规划筹建的一个综合生产后勤服务基地。倒班点总规模1000人，一期建设按照600人，占地 $4.82×10^4m^2$。一期建设的主要建构筑物包括办公楼（11层，建筑面积 $16059m^2$）、专家公寓（建筑面积 $3200m^2$）、食堂（建筑面积 $1120m^2$）、消防站及消防训练塔（建筑面积 $1756m^2$）、经济民警值班室（建筑面积 $1756m^2$）、锅炉房（建筑面积 $368m^2$）等。二期规划的主要建构筑物包括双职工公寓（1栋）、单职工公寓（2栋）、料库以及维修工房等。一期总建筑面积为 $22810m^2$，二期总建筑面积为 $5343m^2$，建成后的西峰倒班点总建筑面积为 $28153m^2$。图5-47为西峰倒班点综合楼照片。

图5-47　西峰倒班点综合楼

9. 新寨倒班点

设计时间：2008年2月—2008年4月。

投产时间：2009年4月。

建设规模：占地面积 $4.055\times10^4 m^2$，总建筑面积 $1.1669\times10^4 m^2$。

项目简介：新寨倒班点位于延安市吴起县新寨乡，于2008年4月开始建设，2009年4月竣工投运。肩负着第三采油厂新寨作业区及其周边地区的前线指挥、员工倒班、生产设备维修及存放等任务，同时设立二级消防站一座。人员规模为450人，占地面积 $4.055\times10^4 m^2$，总建筑面积 $1.1669\times10^4 m^2$，由办公楼、公寓楼、食堂、锅炉房以及二级消防站等组成。图5-48至图5-50为新寨倒班点鸟瞰效果图及相关建筑照片。

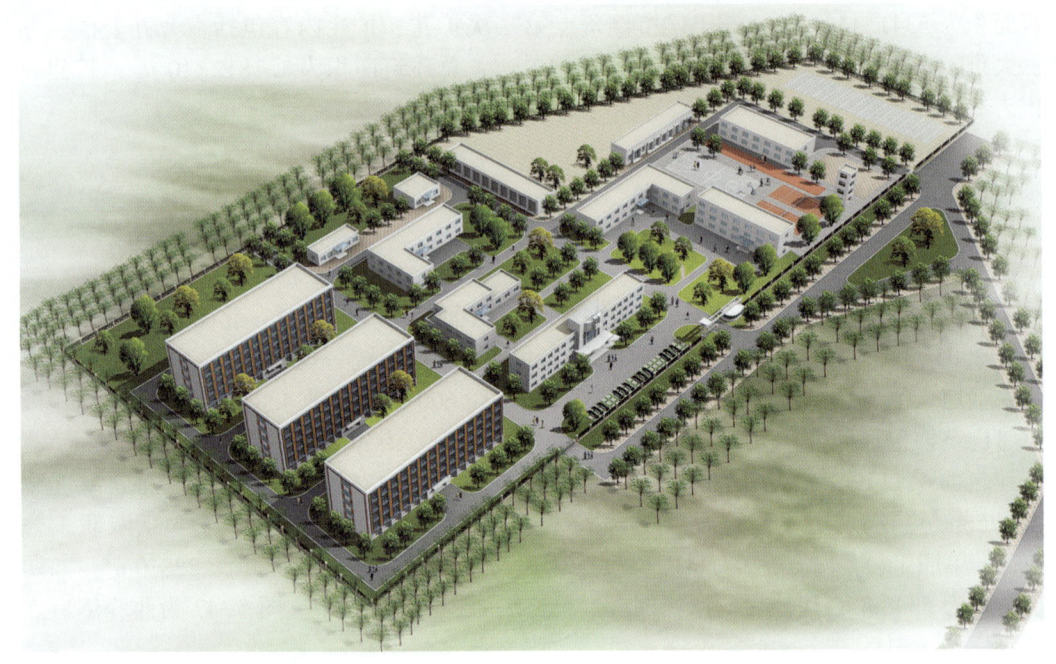

图5-48 新寨倒班点鸟瞰效果图

图5-49 新寨倒班点办公楼

图5-50 新寨倒班点公寓楼

设计特点：

（1）因场地有限，且地形复杂，为了最大化利用现有场地，节约土地，在设计中采取了相应措施；

（2）功能分区明确、布局合理、交通组织流畅、清晰；

（3）积极运用新材料，新工艺，节约能源。

10. 凤凰山倒班点

设计时间：1999年。

投产时间：2004年。

建设规模：总占地面积 $12.73\times10^4m^2$，总建筑面积 $4.79\times10^4m^2$。

项目简介：凤凰山倒班点建于2002年，可满足380人的食宿要求，主要有办公楼1座，住宿公寓3座，消防楼1座，停车场1座，料库1座。总建筑面积12000 m^2。主要服务单位包括大路沟作业区机关、白于山作业区机关、经济民警大队、产能建设项目组等十家单位。图5-51为凤凰山倒班点总体鸟瞰图。

图5-51 凤凰山倒班点总体鸟瞰图

11. 冯地坑倒班点

设计时间：2002—2003年。

投产时间：2004年。

建设规模：总占地面积 $12.73\times10^4m^2$，总建筑面积 $4.79\times10^4m^2$。

项目简介：冯地坑倒班点2004年开始建设，入驻单位有产能建设项目组、麻黄山采油作业区、冯地坑采油作业区、经济民警中队、维修抢险大队、油气集输大队、前线指挥部、事务管理站、小车队、卫生所等10个前线单位。最初规模按300人设计，规划总建筑面积为4599 m^2，一期按150人规模配套建设，一期总建筑面积为3193.72m^2。包括作业区办公楼1座，建筑面积883.66m^2；职工公寓1座，建筑面积1405.28m^2；食堂1座，建筑面积339.50m^2；供水泵房1座，建筑面积119.78m^2；招待所1座，建筑面积415.90m^2；门岗房1座，建筑面积29.60m^2。倒班点一期生活配套设施仅能满足100~120人的需求。

后经过陆续扩建，目前总占地 $12.73\times10^4m^2$，总建筑面积 $4.79\times10^4m^2$，常驻人员1750人，是第五采油厂前线基层单位工作、生活的主要依托基地。主要负责马家山及周边区域的前线指挥、员工倒休等任务。图5-52至图5-57为冯地坑倒班点规划总平面图及相关建筑照片。

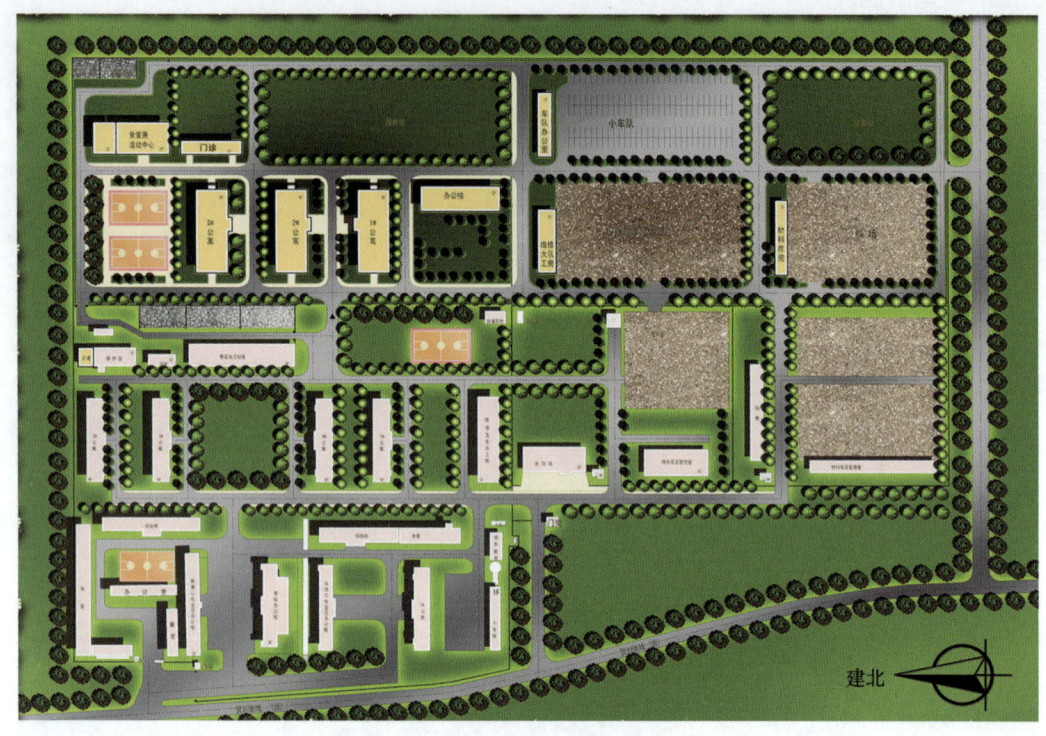

图5-52 冯地坑倒班点规划总平面图

图5-53 冯地坑倒班点一角

图 5-54 冯地坑倒班点办公楼

图 5-55 冯地坑倒班点办公楼夜景

图 5-56 冯地坑倒班点主入口

图 5-57 冯地坑倒班点内景

12. 环江生产保障点

设计时间：2009 年 12 月—2010 年 2 月。

投产时间：2010 年 10 月。

建设规模：总占地面积 $8.31×10^4 m^2$，总建筑面积 $3.22×10^4 m^2$。

项目简介：环江油田洪德生产保障点是环江油田在前线的生产指挥、职工倒班、车辆及设备停放的生产保障基地。位于环县洪德镇，距离洪德镇约 2km。总征地 $8.31×10^4 m^2$。自 2010 年开始建设，后逐步扩建。目前建设有 2 栋办公楼、6 栋公寓楼、2 栋食堂、1 栋活动中心、1 座工房和库房，以及其他辅助设施用房。总建筑面积 $3.22×10^4 m^2$。

13. 白豹生产保障点

设计时间：2009 年 12 月—2010 年 2 月。

投产时间：2010 年 10 月。

建设规模：总占地面积 $1.684×10^4 m^2$，总建筑面积 $3067 m^2$。

项目简介：白豹生产保障点建于 2005 年，占地面积 $1.684×10^4 m^2$。总建筑面积为 $3067 m^2$。整个保障点场地分为生活、办公区及停车场三部分。主要建构筑物包括办公楼、公寓楼、食堂、活动中心、锅炉房以及消防站等。建设初期是陕北油气田开发建设中长南事业部前线生产指挥部及白豹油田生产倒班的配套基地。后逐步改为第七采油厂前指基地。图 5-58 为生产保障点鸟瞰图。

图 5-58 白豹生产保障点鸟瞰图

二、长庆气区生产基地

1. 靖边生产基地

设计时间：1991 年开始设计，至 2010 年仍陆续扩建。

投产时间：1993 年第一批项目开始投运。

建设规模：目前总占地约 $133.33 \times 10^4 m^2$，总建筑面积约 $17.86 \times 10^4 m^2$。

项目简介：靖边基地自 1993 年投运以来，一直承担着勘探局陕北靖边地区前线生产指挥和前线职工的后勤保障工作，对陕北油气田的勘探开发建设起到了巨大的支撑作用。按照 1993 年靖边基地规划，场地南侧为生活区，北侧为生产辅助区，生活区原规划 $26.67 \times 10^4 m^2$，总建筑面积约 $3.5 \times 10^4 m^2$。

随着陕北油气田勘探开发步伐的加快，入住单位逐步增多，特别是两级机关分立后，截至 2006 年底，靖边基地总建筑面积已达 $16.07 \times 10^4 m^2$。预计 2007 年靖边基地新建公寓楼、库房等建筑物总面积为 $1.79 \times 10^4 m^2$。入驻单位主要有钻井工程总公司、井下技术作业处、建设工程总公司、器材供应处、公用事业处、油田分公司第一采气厂、第四采油厂等单位。图 5-59 至图 5-67 为靖边生产基地建设相关图片。

2. 苏里格前线生产指挥部（"5+1"生产基地）

设计时间：2007 年 5 月—2013 年 10 月。

投产时间：2008 年起陆续投运。

建设规模：占地 $36.67 \times 10^4 m^2$，总建筑面积 $9.7 \times 10^4 m^2$。

项目简介：苏里格气田前线指挥部位于内蒙古乌审旗政府所在地尕鲁图镇，生产、办公、生活设施配套完善，是集前线生产指挥、职工倒班生活和生产服务保障于一体的多功能新型石油生产前线基地。项目总用地面积 $36.67 \times 10^4 m^2$，规划总建筑面积 $9.7 \times 10^4 m^2$。目前已经建成综合办公楼 3 栋，主办公楼建筑面积 $10361 m^2$，六层共 96 间；东西侧两栋办公楼

图 5-59　靖边基地鸟瞰实景图

图 5-60　靖边基地主入口

图 5-61　靖边基地石油宾馆

图 5-62　靖边基地公寓楼

图 5-63　靖边基地员工餐厅

图 5-64 靖边基地配套设施（水塔及水罐）

图 5-65 靖边基地锅炉房

图 5-66 靖边基地锅炉

图 5-67 靖边基地泵房

建筑面积各 4983.5m^2，每栋五层共 113 间；公寓楼共 14 栋，建筑面积 64260m^2，每栋四层，共有标准间 1104 间，套间 104 间；专家公寓 1 栋，建筑面积 9112m^2，按照宾馆经营模式运行；员工食堂及其他辅助配套 7101m^2。室内活动中心 1 座，室内篮球馆 1 座，标准人工草坪足球场 1 座，室外塑胶篮球场 6 个。图 5-68 为前线生产指挥部全景效果图，图 5-69 为控制中心大楼建成图片，图 5-70 为前线生产指挥部基地公寓楼。

图 5-68 苏里格气田前线生产指挥部全景效果图

图 5-69　苏里格气田前线生产指挥部
生产控制中心大楼建成照片

图 5-70　苏里格气田前线生产指挥部
基地公寓楼

苏里格气田前线生产指挥部工程是苏里格气田落实"六统一""三共享"的具体举措。根据"5+1"管理模式，统一设计，优化各配套专业线路，综合近远期目标及使用需求等多种因素，对项目进行总体方案设计、总体布局、分期建设，最大限度地降低了地面工程的建设投资。建成后取得了良好的社会效益，为前线职工提供了舒适、方便的办公、生活场所。该工程荣获长庆油田公司 2009 年优秀设计二等奖，中国石油工程建设协会 2009 年石油工程优秀设计三等奖。

3. 榆林基地

设计时间：1999 年 5 月—2000 年 6 月。

投产时间：2001 年 3 月。

建设规模：占地 $8.8865 \times 10^4 m^2$，总建筑面积 $36161 \times 10^4 m^2$。

项目简介：榆林基地是第二采气厂在榆林气田建设的综合性倒班基地，始建于 2001 年，2005 年二次扩建形成现有规模。基地位于榆林市西沙经济开发区沙河路与机场大道交汇处。目前主要承担第二采气厂部分基层单位（榆林气田各作业区、处理厂）、附属及机关单位、长北项目经理部、油田公司监督部第七监督站等单位的职工倒班任务。基地生产、办公、生活设施配套完善，目前已经建成科研办公楼、地质工艺楼、食堂及活动中心、专家公寓、职工公寓楼、化验楼等，总建筑面积约 $36161.4m^2$。目前常住人员 792 人。图 5-71 为榆林基地卫星总平面图。

图 5-71　榆林基地卫星总平面图

第五节　建筑单体工程

一、庆城通信大楼

设计时间：1992年。

投产时间：1993年。

建设规模：建筑面积3600m²。

项目简介：长庆油田庆城通信大楼位于庆城县，于1993年建成。主要功能为长庆油田通信机房及相关办公室、值班室等。为六层（局部七层）框架结构，建筑面积3600m²，建筑高度23.5m。图5-72和图5-73分别为通信大楼建成效果图和夜景图。

图5-72　通信大楼建成效果

图5-73　通信大楼夜景

二、石油影剧院

图5-74　长庆油田石油影剧院

设计时间：1984年。

投产时间：1985年。

建设规模：建筑面积3600m²。

项目简介：长庆油田石油影剧院位于庆城县中心、长庆通信大楼的西侧，是集演出、电影、舞台于一体的综合性剧院（图5-74），按照专业影剧院标准设计建造，外观宏伟壮丽，内设有800个观众席，是演出大型歌舞、放映电影的理想场地。

三、长庆油田庆城青少年宫

设计时间：1986年。

投产时间：1987年。

建设规模：建筑面积3600m²。

项目简介：长庆油田庆城青少年宫位于庆城县中心，主要功能为少儿室外游乐场地以及少儿兴趣培训用房等（图5-75）。少儿兴趣培训楼为四层框架结构，建筑高度16.80m。

图5-75　长庆油田庆城青少年宫

四、西峰倒班点宿舍办公楼

设计时间：2005 年 3 月—2005 年 5 月。

投产时间：2006 年 10 月。

建设规模：建筑面积 16059m²。

项目简介：长庆西峰油田倒班点宿舍办公楼建设场地位于西峰油田倒班点西北处，北临纬一路，西临世纪大道，场地呈方形，东西宽 100m，南北长 63m，总用地 $0.63×10^4m^2$。项目主要功能为油田倒班点的办公及倒班住宿，总建筑面积为 16059m²，为十一层框架结构。西峰倒班点宿舍办公楼实景图如图 5-76 和图 5-77 所示。

图 5-76　西峰倒班点宿舍办公楼　　　　图 5-77　西峰倒班点宿舍办公楼
　　　　正立面实景图　　　　　　　　　　　　　侧立面实景图

主要功能包括：1~4 层为办公部分，建筑面积为 4420m²；5~11 层为公寓，共 189 间宿舍（带卫生间），满足 567 人住宿，设限载 12 人电梯二部。

设计特点。

（1）构思的目标是设计一座揉合粗犷力量感与现代企业文化，能体现西北石油工业支柱地位的建筑物。深远庄重的广场与简洁、尺度巨大的主体造型是源自粗犷宽广的自然环境，也突出了石油工人的性格。

（2）平面为矩形，呈线型布置，方便使用，并且避免给结构设计增加不必要的难度。枢纽核心位置突出，以免增加使用人员的往返路途，增大了交通面积。

（3）办公入口居中布置，东侧为公寓入口，西侧为辅助出入口，分区明确，突出重点。

（4）后浇带的设计利用了混凝土早期收缩量大的特性，减小以收缩为主的变形。同时减小了梁钢筋全部不断对混凝土收缩形成的约束，又可避免梁钢筋全部断后造成的钢筋搭、焊接困难。

五、苏里格前线指挥部活动中心

设计时间：2009 年 1 月—2009 年 3 月。

投产时间：2010 年 1 月。

建设规模：占地面积 $0.664×10^4m^2$，建筑面积 4842.4m²。

项目简介：苏里格前线指挥部活动中心及展厅工程位于苏里格气田前线生产指挥部西侧

中部，建筑平面功能包括大型室内活动场地和展厅，配套功能完善。建筑由两种结构形式结合设计，造成两部分功能的基础在刚度和均匀沉降方面存在很大差异，通过对地基基础的合理设计既实现两种不同结构形式的有效分隔，又保证两单体沉降变形协调，使建筑的使用功能很好地实现。并应用新材料及顶部增设玻璃采光窗来解决大空间建筑内部通风采光不好的问题。为苏里格气田前线指挥部员工营造了舒适、使用的活动空间，具有较好的社会效益。

该工程包括土建、给排水、电气、热工、暖通、通信等配套设施的大型活动场所，包括开敞式展览厅1个，室内篮球场1个，网球场1个，羽毛球场4个，乒乓球室1个和图书阅览室1个。经过优化设计，合理配套，其建设水平属国内先进水平。图5-78和图5794分别为活动中心建成实景图和室内效果图。

图5-78 活动中心建成实景图

图5-79 活动中心室内效果

该工程荣获长庆油田公司2011年优秀设计三等奖。

设计特点：

轻钢结构外墙采用太空板（发泡水泥复合板），这是一种集承重、保温、轻质、隔热、隔声、耐火等优良性能于一身的新型节能、绿色、环保型建筑板材。能够塑造有雕塑感、造型新颖、独特、美观的建筑立面效果。

六、咸阳长庆石化生活基地 1 号高层

设计时间：2008 年 7 月—2009 年 9 月。

投产时间：2010 年 6 月。

建设规模：144 套住宅，总建筑面积 20448.03m^2。

项目简介：该工程为地上十六层，地下一层，剪力墙结构住宅楼，房屋高度 47.05m。住宅楼由抗震缝分成两个部分——A 段、B 段，A 段由两单元的"一梯两户"组成，呈"一"型；B 段由"一梯两户"和"一梯三户"两个单元组成，呈"L"形，共四个单元五种套型，每套建筑面积 114.75~152.39 m^2 不等。地上部分建筑面积：19264.20m^2，地下室建筑面积 1183.83m^2。住宅用地 1.13×$10^4 m^2$，居住 144 户，容积率 1.81。图 5-80 为项目建成实景图。

图 5-80　项目建成实景图

设计特点。

（1）住宅采用板式高层住宅形式，户户朝阳、通风良好，视线开阔；

（2）剪力墙结构，使设计合理舒适、布局灵活；

（3）电梯、综合布线系统、监控系统、管道天然气系统等为住户的生活带来了高标准的设施；

（4）节能设计：屋面保温层为 100mm 厚憎水膨胀珍珠岩板；外墙外保温采用全部外贴 35mm 厚挤塑泡沫板；外门窗为铝合金中空玻璃门窗，户门为三防门；

（5）平面不规则结构的主要参数"位移比"和"周期比"，影响结构的扭转效应。

七、陇东数字化生产展厅

设计时间：2010 年 3 月。

投产时间：2010 年 12 月。

建设规模：建筑面积 1298.9m^2。

项目简介：陇东数字化生产展厅位于庆阳市西峰区长庆陇东实训基地内。该工程的建设是在2009年长庆油田油气当量顺利跨越3000×10^4t之际，陇东作为推行数字化示范油区，为了使员工建立更加全面系统的数字化知识体系，提高员工数字化条件下的操作技能，对内作为员工的数字化培训基地，对外可作为展示长庆油田科学发展、和谐发展的形象窗口，代表着当今石油工业发展的新动向。图5-81和图5-82分别为陇东数字化生产展厅日景效果图和夜景效果图。

图5-81 陇东数字化生产展厅日景效果

图5-82 陇东数字化生产展厅夜景效果

设计特点。

（1）总图布置节约土地，因地制宜。

（2）外立面主体采用了新型镀铝锌金属面复合保温板，通过玻璃幕墙穿插组成几何图案，蕴含一定的工业寓意，表现出"科技、绿色、和谐"主题。

（3）项目结合展示内容及展示流程，采用矩形平面，有利于各展示区合理布置；参观流线简洁明确；顶部照明与投影设备可相间布置，利于渲染展览气氛。

（4）屋面荷载达到普通轻钢结构荷载的4倍，结构钢柱、檩条荷载及受力与普通轻钢结构有很大不同。

（5）设计采用了光伏太阳能电池板系统，在建筑南侧外墙、屋顶上设置太阳能光电板。

（6）为了解决钢结构屋面防水及保温问题，采用铝合金（或镀锌钢板）直立锁边金属整体式屋面（带保温）。

（7）针对展馆大空间、网格吊顶的特点，暖通设计采用吊顶内隐蔽空调风系统，两侧垂直射流送风，中间回风，能有效加热外围护结构的冷风渗透和冷热损失，合理气流组织。

（8）为了避免展厅噪声，空气处理机设独立的机房，并采用全热回收处理装置，冷热回收率60%，节能降耗。

八、陇东前线生产指挥中心办公楼

设计时间：2009年5月—2010年11月。

投产时间：2012年12月。

建设规模：建筑面积$3.5876 \times 10^4 \mathrm{m}^2$。

项目简介：陇东前线生产指挥中心办公楼位于甘肃省庆阳市西峰区董志镇北门村，南临南五环路，西临世纪大道，北面紧邻长庆油田西峰倒班点，东面隔东一路为陇东前线生产指挥中心生活区。项目定位为长庆油田陇东油区的前线生产指挥中心，主要功能为办公、会议及档案管理。规划用地为陇东前线生产指挥中心办公区一期用地，用地面积25938m²，建筑占地面积4412m²，建筑密度17%。建筑面积35876.3m²，其中地上部分建筑面积33809.3m²，地下部分建筑面积2067m²；规划停车位地上209个，地下21个。为一类高层建筑，建筑物防火分类为一类，建筑物耐火等级为一级。建筑物结构类型为框架剪力墙结构，抗震设防烈度为六度。建筑层数为地上22层，地下1层。建筑高度85.050m（室外地面至22层屋面）。建筑工程设计等级为一级。图5-83至图5-86为陇东前线生产指挥中心办公楼相关图片。

图5-83 办公楼建成效果

图5-84 办公楼夜景效果

图5-85 办公楼主入口大厅

图5-86 办公楼多功能厅

设计特点。

（1）造型上通过矩形体块的穿插来强化主体塔楼，立面通过竖向的条形幕墙和墙面的对比增强了主楼的雕塑感，同样材质的局部整体幕墙延伸到顶部，并与女儿墙外包幕墙连成整体，使局部的线条感更加强烈，结合后期的灯光效果，大楼建成后将成为世纪大道及南五环的标志性建筑。

（2）大楼地下为人防工程，为甲类核六级常六级二等人员掩蔽所，平战结合，平时为车库。

（3）裙楼的多重功能组合，包括综合大空间交通枢纽（大厅）、多功能会议厅（面积超过500m²，人员300多人）、大型档案（资料室）、办公、会议、管理、辅助功能等。

（4）在结构设计方面不同勘固标高及人防地下室平战转化结构设计方面取得突破；高标号混凝土超长结构布置及构造措施方面积累了丰富的经验；底盘范围内湿陷等级不同，局部地下室，主、裙楼甚至一个结构单元分别采用不同的基础形式，地基基础处理形成了技术突破。

九、长庆油田数字化岩心资料中心

设计时间：2009年12月—2010年1月。

投产时间：2011年4月。

建设规模：建筑面积20363m^2。

项目简介：长庆油田数字化岩心资料中心于2010年3月启动建设，当年年底竣工。总库容量为85.3×10^4m^2，是亚洲最大的岩心库，库房内存放的岩心数量为全国之最，日常管理自动化程度为全国最先进，岩心应用数字化居全国首位。

长庆油田数字化岩心资料中心实现了自动化存取、规范化运作、信息化管理和数字化应用，同时展示了鄂尔多斯盆地的地质演化以及"低渗透、低压、低丰度"三低岩性油气藏的特征。它代表了长庆油田工程和数字化建设的最高水平，标志着长庆油田勘探开发过程中岩心保存、资料查阅等工作进入"亚洲先进"的信息化时代，作为长庆品牌必将随着5000万吨当量的实现产生深远的影响。

工程综合了当前大跨度及复合楼板计算方面的最新理论，对即将修订的钢结构设计规范有借鉴和启示意义；复杂工况下大跨度专用厂房系列设计技术在油气田处理厂、净化厂、储气库等建设工程中推广应用具有广阔的应用前景，必将加快工程建设进度和降低投资成本，有力地支持油田的快速发展。

该中心的建设投运，将实现数字化管理平台自动化控制、数字化管理和异地资源共享，进一步提高岩心资料管理的质量和水平，丰富勘探开发研究的手段，增强勘探开发研究和生产决策的能力。保护好、利用好岩心资料可以为创新地质理论，深化鄂尔多斯盆地油气富集规律认识，深刻认识鄂尔多斯盆地，为长庆油田实现5000万吨发展目标和全面协调可持续发展提供有力的信息支撑，奠定更加坚实的基础。图5-87和图5-88分别为长庆油田数字化岩心资料中心实景照片。

图5-87 数字化岩心资料中心实景照片一

图5-88 数字化岩心资料中心实景照片二

该项目荣获长庆油田分公司优秀设计一等奖。

设计特点。

（1）采用亚洲一流的数字化物流档案系统，使长庆油田四十多万米的岩心资料实现了运作规范化、存取自动化、管理信息化、应用数字化、展示形象化。

（2）复式大跨度钢结构。分别采用PKPM钢结构模块STS和3d3s钢结构设计软件进行计算，对两者的计算结果进行分析对比，相互验证，从而确保计算理论及模型的可靠性。

（3）创造了长庆油田自主设计大跨度钢结构专用厂房跨度（36m×2）、单体面积（10182 m²）、总建设规模之最，形成了大跨度及复杂工况下专用厂房系列设计技术。

十、银川油气调控中心

设计单位：西安长庆科技工程有限责任公司。

设计时间：2009年12月—2010年6月。

投产时间：2011年8月。

建设规模：建筑面积4934.74m²。

项目简介：银川油气调控中心位于银川生产指挥中心综合办公楼东侧。主体5层，建筑高度22.65m，结构形式为框架结构。项目主要功能是结合油气调控及第三输油处办公两大功能为一体的综合办公楼。银川油气调控中心实景图如图5-89、图5-90所示。

图5-89 银川油气调控中心实景图（一）

图5-90 银川油气调控中心实景图（二）

十一、长庆石油勘探局信息服务中心综合楼

设计时间：2004年10月—2004年12月。

投产时间：2005年10月。

建设规模：建筑面积6380.59m²，储藏90万卷档案资料。

项目简介：长庆石油勘探局信息中心综合楼位于兴隆园小区内，为六层纯框架结构，主体层高为3.3m，电梯机房高为4.2m。主体建筑高度（室外地面至主体屋面）为20.4m。

平面分为库区及办公区两部分，库区位于综合楼西侧，办公区位于综合楼南侧。库区面积3218.84m²，办公区面积3161.75m²（其中信息中心面积881.04m²）。

建筑立面力求与周围的建筑在风格上求得统一，突出的柱子使建筑稳重挺拔。库区的长条窗户与办公区的方形窗形成鲜明的对比；主入口处的玻璃幕墙与楼梯间的条形窗，都丰富了建筑的立面。办公区的六层设置了采光顶，为档案阅读人员提供了一个明亮、宽敞的阅览场所，扩展了建筑的室内空间。

第六节 道 路 工 程

长庆油气田地跨陕西、甘肃、宁夏、内蒙古4个省级行政区，经过多年来地方和油田建设，长庆油气区道路交通发展迅速，以地方公路为依托、油气田道路为补充的路网系统已经基本成型。

截至 2016 年年底长庆油田建成各等级道路 6.34×10^4km，其中等级道路（沥青、水泥、砂石）约占 16.6%。

长庆油气田道路系统主要由 3 部分构成。

（1）骨架路网：由油气区内的高速公路和国、省道构成，联通油气区内各主要市县、生产指挥中心及大部分前线指挥基地；

（2）主干路网：由地方修建的县乡公路、通村道路及油气田修建的沥青道路共同构成，串联和贯通各个作业区、井区，承担着将人员、设备及物资输送进入生产区块的重任，与油气田每日的生产、管理工作息息相关；

（3）分支路网：由油气田修建的砂石道路、钻前土路和地方修建的通村公路、乡村土路共同构成，承担着在人员物资进入油气区后将之分流输送到各场站、井组上的任务。随着油气田滚动开发，其中的道路也有可能需要升级后并入主干路网。

一、道路典型工程

1. 洪德至东老爷山沥青路

设计时间：2011 年 3 月。

投产时间：2012 年 4 月。

建设规模：43.478km。

项目简介：洪德至东老爷山沥青路位于甘肃省环县，起点位于第七采油厂环江生产基地与 G211 国道在 K231+100 里程处相接，途经洪德乡、耿湾乡、四合塬乡等，终点位于四合塬乡老爷山，路线全长 43.478km。洪德至东老爷山沥青路（图 5-91）建成后联络了环江基地、环一联、环一接转注水站，方便油区的生产生活和管理。

图 5-91 洪德至东老爷山沥青路

2. 姬五联进站道路

设计时间：2009年11月。

投产时间：2010年5月。

建设规模：13.87km。

项目简介：姬五联进站道路（图5-92）位于陕西省定边县冯地坑乡和红柳沟镇境内，起点位于沥青路X226K44+700m处，经冯地坑乡任塬村上壕自然村、红柳沟镇崾岘村康窑自然村、冯地坑乡稍沟塬村、李圈村和新城滩村，终点至姬五联，路线全长13.87km。

姬五联进站道路建成后贯通了黄122和黄2两个主力井区，沿线串联多个站场、井场。改变了之前该区域内没有主干道路的情况，方便油区的生产生活和管理。

图5-92 姬五联进站道

3. 靖边气田第四天然气净化厂进厂道路

设计时间：2012年4月。

投产时间：2013年1月。

建设规模：道路0.452km，大桥157.2m（桥跨5×30m）（图5-93）。

项目简介：靖边气田第四天然气净化厂进厂道路起点接县道志丹—靖边三级沥青路，终点至靖边气田第四天然气净化厂，全长0.452km，含157.2m大桥一座。

该道路连接县道与第四净化厂，两岸地形复杂，跨度大，给桥梁设计带来了困难，主要体现在：(1)跨径大，两岸间的河道宽150m；(2)桥梁高度高，最大桥高为20.1m；(3)两岸高差大，两岸高差为4.6m；(4)肋式桥台基础需特殊处理，大桩号侧的桥台需要先用土进行填筑，而后施工。

项目建成以来，作为第四天然气净化厂唯一的交通要道，保障第四天然气净化厂的正常生产运营。

4. 苏5-2干线伴行道路

设计时间：2011年4月。

投产时间：2011年9月。

图 5-93　第四天然气净化厂大桥

建设规模：40.685km。

项目简介：苏 5-2 干线伴行道路位于陕西省定边县安边镇和内蒙古自治区鄂托克前旗城川镇境内，起点位于第五处理厂附近安海公路旁边，终点至 GGS1，全长 40.685km。

苏 5-2 伴行道路（图 5-94）沿苏 5-2 干线伴行，同时与 GGS1 进站道路及 GGS2 进站道路相接，东西、南北贯穿苏南区块，作为苏南区块南北向的交通要道。构成区块内部主要的交通网络。该道路的建成不仅满足苏 5-2 集气干线日常巡线要求，同时满足从第五处理厂拉运甲醇给区块内井场注醇，也连接了 GGS1、GGS2，给该区域的生产运行带来了便利。

图 5-94　苏 5-2 干线伴行道路

5. 苏 25-4 站至苏 76-2 站砂石道路改造

设计时间：2015 年 8 月。

投产时间：2015 年 10 月。

建设规模：15.485km。

项目简介：该道路全线位于内蒙古乌审旗乌审召镇境内，道路起点接苏 25-4 站进站道路，终点为苏 76-1 站至苏 76-2 站砂石道路 K10+085 处，路线全长 15.485km（图 5-95）。

该道路连接了苏 25 区块和苏 76 区块，将多个站场和井场串连，为苏 76 区块的生产运营与管理提供便利条件。

6. C2 站—哈沙线沥青道路

设计时间：2014 年 5 月。

投产时间：2014 年 10 月。

建设规模：10.719km。

项目简介：C2 站—哈沙线沥青道路（图 5-96）位于苏里格南区块内蒙古自治区鄂托克前旗和乌审旗境内，起点接 C2 站进站道路，终点至哈沙线，全长 10.719km。

图 5-95　苏 25-4 站至苏 76-2 站砂石道路

图 5-96　C2 站—哈沙线沥青道路

该道路横穿苏南区块，与地方道路相接，缩短了苏里格指挥中心至苏南区块的距离，连接了多个站场和井场，为苏南区块的生产运行提供便利条件。

7. 姬一联进站道路十字河桥

设计时间：2007 年 5 月。

投产时间：2008 年 4 月。

建设规模：中桥 64m（桥跨 3×20m）。

项目简介：姬一联进站道路是姬塬油田马家山区的主干道路，十字河桥（图 5-97）位于姬一联跨越十字河处，结构为 3×20m 预应力简支梁桥，该桥的修建使得第五采油厂马家山区的生产管理更为顺畅便利。该桥施工时首次在油田内部使用了柳木桩处理软基技术，如图 5-98 所示。

图5-97 十字河桥

图5-98 十字河桥河道软基处理

第七节 标准化设计

一、保障点标准化设计

1. 建设规模

根据站场规模的不同，按照按岗定员人数的多少，分为5种规模、7种类型的标准化设计，分别是25人规模、50人规模、75人规模、100人规模、150人规模、100人及150人保障点，按照采油作业区机关和作业区基层分为两种形式（分A、B版）。

2. 项目简介

随着长庆油田油气当量 $5000×10^4$ t 宏伟目标的提出，为了满足"36911"地面工程建设节点目标的实现，近几年关于油气田产建工程标准化设计在长庆油田的大规模建设中应运而生。为长庆油气田的深入持续开发和快速建设做出了重大的贡献。

长庆油田标准化保障点自2006年开始实施，以"实用、安全、经济、美观、以人为本、环保节能"为设计原则。按照油田数字化管理、市场化运作的要求，根据新型劳动组织架构，为满足油田开发大规模、高速度、短周期、快节奏建设的需要，在长庆油田地面工程开展了标准化前线生产保障点系列化设计研究，该研究成果能够有效地缩短设计周期，提高设计效率，节约一定的人力、物力和财力，创造较大的经济效益；同时可以有效地规范设计与建设，树立中国石油良好的企业形象。

3. 设计特点

（1）保障点规模系列化。根据长庆油田各类站场的人员配置情况，补充完善了保障点的规模，并系统归纳和总结了不同的适用范围。

（2）总平面布局定型化。总平面布局遵循"满足生产需要，合理节约用地，降低工程投资"的基本布局原则，做到风格统一，建设标准统一。

（3）建筑设计标准化。同一类型保障点在建筑立面、建筑工程做法、建筑装修标准等方面采用统一的标准，最大限度地提高材料的利用率，并能有效地提升中国石油的视觉形象。

（4）结构构件预制化。建筑单体设计，在满足结构合理的前提下，最大限度地将结构构件预制化,大大缩短了建设周期,降低了建设成本。

(5)节点设计体现人性化——节能、节地。

二、视觉形象标识设计

为统一中国石油油气田站场视觉形象,规范油气田建设标准,控制建设投资和运行成本,加强安全生产和环境保护,提升油气田地面建设整体水平,促进油气田站场与周围环境的和谐,展示中国石油先进的企业文化,树立中国石油良好的企业形象,制定了中国石油油气田站场视觉形象标准化设计规定。

立足适用于中国石油16个油气田分公司的井、站视觉形象建设需要,以简洁为主,重点部位要鲜明、醒目,突出中国石油特色,开展视觉形象标准化设计的研究。采用"由局部到整体、由小站到大站"的总体思路,制定《中国石油油气田站场视觉形象标准化设计规定》,全面覆盖油气田各类站场、设施的视觉形象,主要内容有:

(1)制定基础要素的视觉形象统一标准,主要有宝石花、组合标识、色带等;

(2)制定设备、设施的视觉形象统一标准,主要有井口装置、抽油机、储罐、塔器、容器、各类管线、设备构件等;

(3)制定建构筑物的视觉形象统一标准,主要有围墙、大门、建筑物等;

(4)制定标识牌的视觉形象统一标准,主要有站场的名称牌、简介牌、进站须知牌、厂房名称牌、各类安全警示牌等;

(5)制定场地铺装统一标准;

(6)制定附属设施的视觉形象统一标准,主要有通信杆、风向标、路灯等;

(7)统一油气田典型站场的整体视觉形象。

第八节 总 结

长庆油田建筑遵循"安全可靠、经济适用、融入企业文化"的设计原则,在陕西、甘肃、宁夏、内蒙古等省(自治区)各类复杂的地形地质条件下,从油田自身实际和生产生活需求出发,优化建筑功能、统一建设标准、融合企业文化、地域特色,针对站场工业建筑、矿区民用建筑的使用特点,积极推行标准化设计、模块化建设、数字化管理、市场化运作、社会化服务等措施,实现了"大规模建设、大油田管理"的目标,满足油田发展的生产生活需求。面对严寒、寒冷地区建筑节能环保需求的不同,在陕西、甘肃、宁夏、内蒙古等省(自治区)均有大量生产、生活建筑的建设。针对湿陷性黄土、沙土、高原、戈壁等各类复杂的地形地质条件,如何满足设计经济合理,建设简单快速,使用安全可靠,是油田建设设计未来发展的方向。

第六章 市政工程

第一节 概况

公司在服务石油天然气行业的同时,在市政工程设计、咨询等方面也取得了长足进步。先后完成了大马输水管道工程、长庆银川燕鸽湖基地自来水厂(银川市第三水厂)、长庆西安泾河工业园自来水厂、长庆银川基地供热工程、苏州市第一门站、苏州工业园区圆融时代广场燃气管道工程、苏州东桥CNG加气母站工程等项目,近年来,在长三角及周边地区共完成市政设计项目3500余项,其中CNG、LNG、L-CNG站场设计50余座,城市居民项目10万余户,工商业设计千余项。

第二节 给排水工程

一、大马输水管道工程

设计时间:1987年3月—1987年7月。
投产时间:1988年6月。
建设规模:5000m³/d。
项目简介:大马输水管道工程位于宁夏回族自治区盐池县境内,设计规模5000m³/d,主要承担马家滩地区供水任务。工程包括大水坑转水站(图6-1)、马家滩供水站和大水坑

图6-1 大水坑转水站

站至马家滩站输水管道三部分内容，是公司设计的首例功能齐全的市政供水工程。在设计中引入节能、环保设计理念，采用多项安全、环保技术，节约了运行成本，实现了不间断安全供水，工程建成投运后取得了良好的经济效益和社会效益。

主要工程量：大水坑转水站、马家滩供水站、输配水管道以及土建、仪表、供热、电气等配套设施。

主要工艺技术：

（1）变频稳压供水技术；

（2）叠压供水技术。

二、长庆银川燕鸽湖基地自来水厂

设计时间：1994年11月—1995年12月。

投产时间：1996年8月。

建设规模：$15\times10^4m^3/d$。

项目简介：长庆银川燕鸽湖基地自来水厂建在长庆油田银川燕鸽湖基地内，位于宁夏回族自治区银川市境内，设计规模$15\times10^4m^3/d$，项目分期建设，一期规模$5\times10^4m^3/d$，二期规模$10\times10^4m^3/d$，主要承担长庆燕鸽湖基地、银川市东部区域供水任务。项目包括24口水源井群、两条DN900输水管道和水厂三部分内容，水源井、水厂各工艺设备运行状态、运行参数及工艺过程上传至水厂中心控制室，可实现在线监测和远程控制，是公司设计的第一座功能齐全、自动化程度高的水厂。通过优化设计，合理配套，在设计中引入节能、环保设计理念，采用多项安全、环保、数字化技术，实现了不间断安全供水，工程建成投运后取得了良好的经济效益和社会效益。该工程获得1998年勘探局优秀设计二等奖、科技进步三等奖。

主要工程量：水源及输配水管道、水质处理、储存、供水系统以及土建、仪表、电气等配套设施。

主要工艺技术：

（1）变频稳压供水技术；

（2）SCADA在线监测和自动控制技术；

（3）复合环路双向自动控制加氯技术。

三、长庆西安泾河工业园自来水厂

设计时间：2003年11月—2004年12月。

投产时间：2005年7月。

建设规模：$8\times10^4m^3/d$。

项目简介：长庆西安泾河工业园自来水厂建在西安经济技术开发区泾河工业园区内，位于陕西省高陵县姬家乡境内，设计规模$8\times10^4m^3/d$，项目分期建设，一期规模$2\times10^4m^3/d$，二期规模$2\times10^4m^3/d$，三期规模$4\times10^4m^3/d$，主要承担长庆西安泾河工业园桥北住宅小区、陕汽住宅小区的生活用水及工业园的生产用水。项目包括水源、输配水管道和水厂三部分内容，水源井、水厂各工艺设备运行状态、运行参数及工艺过程上传至水厂中心控制室，可实现在线监测和远程控制。在设计中引入节能、环保、安全设计理念，采用多项安全、环保、水处理技术，实现了不间断安全供水。该工程建成投运后取得了良好的经济效益和社会效益。图6-2和图6-3分别为泾河工业园自来水厂储水池和水处理设备图。

图6-2　自来水厂储水池　　　　　　　　图6-3　自来水厂水处理设备

主要工程量：水源及输配水管道、水质处理、储存、供水系统以及土建、仪表、电气等配套设施。

主要工艺技术：

（1）变频稳压供水技术；

（2）催化氧化过滤除锰技术；

（3）活性氧化铝法吸附除氟技术。

第三节　供热工程

一、长庆西安基地锅炉房

设计时间：1996年7月—1996年9月。

投产时间：1997年1月。

供热规模：$68.26 \times 10^4 m^2$。

项目简介：西安基地锅炉房内设4台14MW燃气热水锅炉，供热能力为56MW，供热面积$68.26 \times 10^4 m^2$。锅炉房主要运行参数均上传至数字化中心，并可实现远程控制，是长庆油田数字化水平最高的锅炉房。该工程获得1999年陕西省优秀工程设计三等奖。图6-4为西安基地锅炉房全貌。

主要工程量：西安基地锅炉房包含锅炉安装设计及锅炉房土建、仪表、电气、暖通、机械、通信、防腐保温等配套设施设计。通过优化设计，合理配套，在设计中采用多项安全、数字化技术、环保措施，充分利用燃料、水电等资源，不仅节约了运行成本，而且有利于环境保护，减少安全隐患。

主要工艺技术：

（1）数字化智能运行系统；

（2）全自动软水器在供热系统中的应用；

（3）真空解析除氧技术。

图 6-4　西安基地锅炉房全貌

节能技术：
(1) 数字化智能运行技术；
(2) 真空解析除氧技术。

二、泾河工业园龙凤园供热系统

设计时间：2000 年 7 月—2000 年 9 月。
投产时间：2001 年 3 月。
供热规模：$85.12×10^4 m^2$。

项目简介：泾河工业园龙凤园建筑物采暖面积共计 $85.12×10^4 m^2$，共设置 9 座小型锅炉房，是长庆油田小型集中供热系统的典范工程。

锅炉房内均设置单台供热能力 1.4MW 的燃气铸铁热水锅炉，具有热效率高、耐腐蚀、使用寿命长等特点。该设计获得 2004 年陕西省优秀工程设计三等奖。图 6-5 为龙凤园锅炉

图 6-5　龙凤园锅炉房外貌

房外貌。

主要工程量：泾河工业园龙凤园供热系统包含 9 座小型锅炉房锅炉设计及锅炉房土建、仪表、电气、机械、通信、防腐保温等配套设施设计。通过优化设计，合理配套，在设计中采用多项安全、节能、环保措施，充分利用燃料、水电等资源，不仅节约了运行成本，而且有利于环境保护，减少安全隐患。

主要工艺技术：

（1）分散小型集中低温直供技术；

（2）采用高效燃气铸铁锅炉。

节能技术：分散小型集中低温直供技术。

三、长庆银川基地供热系统

设计时间：2006 年 7 月—2006 年 9 月。

投产时间：2007 年 5 月。

供热规模：$187.92 \times 10^4 m^2$。

项目简介：银川基地第一供热站设 5 台 14MW 燃煤热水锅炉，第二供热站设 5 台 14MW 和 2 台 7MW 燃气热水锅炉，供热能力共计 154MW，总供热面积 $187.92 \times 10^4 m^2$，是长庆油田最大的供热系统。该工程获得 2008 年陕西省优秀工程设计三等奖。图 6-6 为银川基地锅炉房图。

图 6-6　银川基地锅炉房

主要工程量：银川基地供热系统包含锅炉安装设计及供热站土建、仪表、电气、暖通、机械、通信、防腐保温等配套设施设计、基地内供热管网设计。通过优化设计，合理配套，在设计中采用多项安全、节能、环保措施，充分利用燃料、水电等资源，不仅节约了运行成本，而且，有利于环境保护，减少安全隐患。

主要工艺技术：

(1) 进口高效设备运用；
(2) 常温软化除氧一体化装置运用；
(3) 旋流水浴脱硫除尘，降低烟气污染；
(4) 高低压热水混供，适应基地高低层建筑供暖。

节能技术：
(1) 高低压混供技术；
(2) 旋流水浴脱硫除尘技术；
(3) 常温软化除氧一体化技术。

第四节 输配气工程

一、苏州市第一门站

设计时间：2002年。

投产时间：2004年。

建设规模：投产初期 $2.8667×10^4 m^3/h$；2020年达到 $33.1556×10^4 m^3/h$。

项目简介：苏州第一门站接收"西气东输"甪直分输站的天然气，经在线气质分析后，分三路出站，一路经调压计量加臭后向西输往金光纸业，一路输往昆山方向，一路输往苏州市区方向。另外，门站除设有工艺要求的调压、计量和安全设施外，还设有适宜的自动控制和通信设施，可对门站的运行参数进行检测和控制。图6-7为苏州第一门站站内照片。

图6-7 苏州第一门站站内照片

主要工程量：苏州第一门站接收"西气东输"甪直分输站的天然气。根据门站功能把站场分为两个区：生产区和辅助生产区。生产区设有工艺装置区，辅助生产区设有办公楼，工艺装置区设调压计量系统、清管器发送系统。辅助生产区设综合办公楼，满足站场人员办公、倒班人员食宿等功能，建筑面积 $644.4m^2$，为集土建、仪表、电气、通风空调、给排水、消防、机械、通信、防腐等配套设施的大型站场。

主要工艺技术。

(1) 计量设置。金光纸业方向按贸易计量的要求设置，流量计选用进口涡轮流量计，一用一备，并配套专用的流量计算机完成流量计算，气计算结果传送到站控系统，生成计量报表并打印，苏州及昆山方向，只作流量检测，流量计选用进口涡轮流量计，设置旁通，流量计算由站控系统完成，不设独立的流量计算机，自用气计量采用国产智能旋进流量计。

（2）选用国产的新型电驱动隔膜柱塞泵加臭装置。

（3）门站选用 MNS 抽出式配电柜，具有技术性能高、结构通用性强、安全性高等特点。

环保技术：放空管排污技术。

二、苏州工业园区圆融时代广场燃气管道工程

设计时间：2007 年 07 月—2007 年 10 月。

投产时间：2009 年 01 月。

建设规模：500m^3/h 调压柜一台，1000m^3/h 调压柜两台。

项目简介：

圆融时代广场工程采用了多项适用性新技术、新材料，如调压柜 SCADA 系统优化设计、PE 警示盖板的应用、燃气预留口采用埋地阀门的方式、室外埋地管道均采用管沟敷设方式及铝合金地上标志条的应用。该工程建成后取得了良好的经济效益和社会效益，成为苏州市商业地块燃气设计的典范，获得了业主的好评。

主要工程量：时代广场项目分为三个地块，分别为 S2 地块，N2、N5 地块，N3、N56 地块。分别设置 500m^3/h 调压柜一台，1000m^3/h 调压柜两台。商业预留口 75 个，商业总用气量为 2075m^3/h。

主要工艺技术：

（1）调压柜 SCADA 系统优化设计，方便燃气公司监控合理调节广场用气；

（2）PE 警示盖板的应用，比混凝土盖板方便施工和使用年限长；

（3）燃气预留口采用埋地阀门的方式；

（4）室外埋地管道均采用管沟敷设方式，方便检修；

（5）铝合金地上标志，和时代广场时尚、整洁的环境相匹配。

节能技术：

（1）室外埋地管道均采用管沟敷设方式；

（2）PE 警示盖板的应用。

三、卡特彼勒燃气管道工程

设计时间：2008 年 11 月—2008 年 12 月。

投产时间：2009 年 3 月。

建设规模：供气量 3000m^3/h。

项目简介：卡特彼勒（苏州）有限公司是位于苏州的一家大型美资企业，占地面积 22.1×10^4m^2，建筑面积 74561m^2，是卡特彼勒轮式装载机在亚洲市场主要的生产基地。本项目主要是为工厂内工业设备、锅炉和厨房灶具供气，卡特彼勒燃气管道主要包括辐射器、屋顶直燃机、锅炉、工艺焊接设备、燃气热水器和灶具用气等，是集工业设备用气，锅炉用气厨房低压用气等不同用气类型和压力级别为一体的大型工业厂区配气。燃气管道优化设计，采用了多项适用性新技术、新工艺，如调压柜 SCADA 系统优化设计，分段环网设计，分功能区域设计等，技术水平属国内先进水平，该工程建成后取得了良好的经济效益和社会效益，得

到了业主一致好评。

主要工程量：卡特比勒燃气管道工程是一个综合性的大型工业项目。在设计中包含辐射器 11 台、屋顶直燃机 12 台、锅炉 2 台、工艺焊接设备 12 台、燃气热水器 2 台和厨房灶具 9 台设备的燃气设计，可燃气体报警设计。过优化设计、合理配套，在设计中引入新技术，新材料，结合项目的实际情况采用双接驳点，不仅节约成本，方便施工，而且对辐射器采用分区域环网供气，保证供气的稳定性；对于室内管道全面安装可燃气体探测器，与引入管电磁阀联动，保证供气的安全性。

主要工艺技术：

（1）调压柜 SCADA 系统优化设计，方便燃气公司监控合理调节用气；
（2）对设备多的区域采取分区域环网供气，减少检修的影响范围；
（3）分功能区域设计，对压力不同的设备区域分别设计，减小室内调压的危险性；
（4）采用双接驳点，就近接驳气源，分别调压，减少管道的辐射长度。

节能技术：

（1）采用双接驳点，就近接驳气源，分别调压，减少管道的辐射长度；
（2）多管道同沟敷设。

四、玲珑湾小区燃气管道工程

设计时间：2004 年 5 月—2012 年 6 月。

投产时间：分区设计、陆续投产。

建设规模：每个分区均设调压柜一台（500~1000m^3/h）。

项目简介：玲珑湾小区工程采用多项新技术、新材料，如调压柜 SCADA 系统设计，PE 警示盖板的应用，室外燃气管线采用环网结构等。该工程建成后取得了良好的经济效益和社会效益，获得了业主的好评。

主要工程量：玲珑湾小区燃气管道工程分为 11 个区进行设计，每个区含用户 500~1000 户，每个分区均设 1 个调压柜（500~1000m^3/h）为用户供气。通过优化设计，合理配套，在设计中引入环网设计理念，充分利用环网优势，不仅节约了运行成本，而且增加了运行的稳定性，减少安全隐患。

主要工艺技术：

（1）小区燃气管道环网设计，增加管网的稳定性和合理性；
（2）调压柜 SCADA 控制系统的应用；
（3）PE 警示盖板的应用，比混凝土盖板更易施工，且使用年限更长；
（4）部分用户考虑采暖用气量，满足不同用户的不同要求。

节能技术：

（1）室外燃气管道采用环网设计；
（2）PE 警示盖板的应用。

五、苏州东桥 CNG 加气母站工程

设计时间：2009 年 10 月。

投产时间：2010 年。

建设规模：30×$10^4 m^3$/d。

项目简介：苏州东桥CNG加气母站工程（图6-8）是苏州市首座压缩天然气母站，母站压缩机房如图6-9所示。该站设计供气能力为30m^3/d，年供应量1×$10^8 m^3$，为苏南地区规模最大的压缩天然气母站，其供气覆盖区域包括常熟、张家港、太仓、常州、无锡等周边城市。该站主要的用户为：（1）离开城市天然气管网较远、用量不大的城镇居民和商业用燃气，铺设天然气管网不经济，采用压缩天然气橇车运送城镇（小区）自建燃气管网供气；（2）天然气汽车和双燃料汽车加气；（3）城镇和开发区工业企业代油和液化石油气作为补充能源等。

图6-8 苏州东桥CNG加气母站全景照片

图6-9 苏州东桥CNG加气母站压缩机房

主要工程量：苏州东桥CNG加气母站工程是从西气东输东桥分输站指定的站外预留点引接天然气，在CNG母站内经调压计量，进入天然气脱水装置进行深度脱水。脱水后的干天然气其质量符合GB18047《车用压缩天然气》规定，进入橇装天然气压缩机装置，高压天然气从压缩机出来后经加气柱给拖车加气的功能为一体及土建、仪表、电气、机械、通信、防腐保温等配套设施的大型站场。通过优化设计，合理配套，在设计中引入环保型循环经济设计理念，不仅节约了运行成本，而且，有利于环境保护，减少安全隐患。

主要工艺技术：

（1）在调压计量橇进口处设置人工复位自动切断电动球阀，紧急情况下可以切断气源，避免意外发生；

(2)采用三套闭式循环天然气脱水装置,节省脱水时间,延长吸附剂使用寿命;
(3)采用水冷式压缩机组,冷却效果较好,压缩机运行流畅;
(4)采用自动化仪表控制系统,全站运行管理方便;
(5)放空管排污,使放空管内的杂物得以清除,保证防空系统畅通无阻。
环保技术:放空管排污技术。

六、江阴聚谊路加油加气站工程

设计时间:2012年4月—2012年6月。
投产时间:2013年7月。
建设规模:LNG1.5×10⁴m³/d、L-CNG1.0×10⁴m³/d。

项目简介:聚谊路加油加气站(图6-10)是江苏省第一个"三合一(油、CNG、LNG)"油气合建站,利用LNG作为气源的加气站,LNG加气站集LNG低温加注、车辆LNG系统等尖端技术,采用高真空多层缠绕储罐(图6-11)储存液化天然气、现场PIR保冷管输送液化天然气;采用空温式增压汽化器,充分利用空气、太阳辐射作为交换能源,使液化天然气气化增压,无其他任何能源消耗,能耗极少。该工程建成后取得了良好的经济效益和社会效益。

图6-10 聚谊路加油加气站全景照片

图6-11 高真空多层缠绕LNG储罐

主要工程量:聚谊路加油加气站是集"油、CNG、LNG"一体及土建、仪表、电气、给排水等配套设施的加油机气服务站,通过优化设计,合理配套,在设计中引入环保型循环经济设计理念,充分利用不耗电的空温式汽化器进行卸车、气化等工作,不仅节约了运行成本,而且有利于环境保护,减少安全隐患。

主要工艺技术:
(1)LNG低温加注;
(2)车辆LNG系统;
(3)PIR管道保冷。

节能技术:
(1)自增压卸车,无能耗损失;
(2)采用高真空多层缠绕储罐,绝热效果佳。

第五节 总　　结

经过四十多年的发展与积累，特别是近十年来致力于开拓西气东输下游市场，承接城市配气、市政燃气工程设计和技术咨询服务，以先进成熟技术打造"长庆设计"品牌，已成为长三角及周边地区具有影响力的工程公司。

随着市政工程设计业务发展，公司已拥有国家甲级城镇燃气工程设计资质、国家乙级排水工程设计资质、国家乙级环境工程设计资质、国家丙级给水工程设计资质、国家丙级热力工程设计资质、国家甲级给排水工程咨询、国家甲级燃气工程咨询、国家甲级热力工程咨询，先后有10多个项目荣获国家、省（部）、行业优秀勘察设计奖、优秀咨询成果奖。

第七章 国际工程

第一节 概况

中石油"十三五"发展规划提出要建设世界一流综合性国际能源公司,坚持"资源、市场、国际化、创新"的发展战略,所谓国际化战略,即由单纯业务"走出去"向"理念、管理、技术、标准和人才国际化"转变,完善国际化体制机制和制度流程,提高国际化经营管理水平。公司在担负长庆油田快速上产和持续稳产过程中大规模地面建设项目勘察设计任务的同时,一直将海外市场作为重要的发展方向,并以几个国际项目为切入点,进行了一系列的探索和研究。加快国际化进程是公司可持续发展的必然选择,通过学习和研究合作企业的先进设计理念和管理技术,增强了对国际市场的适应性,为大规模拓展国际市场奠定了基础。

第二节 长北气田试生产运行(TPO)升级改造工程

一、项目简介

长北试生产(Trial Production Operation,缩写TPO)工程1999年建成投运,2005年壳牌中国勘探与生产有限公司根据安全、健康、环保(HSE)等方面的要求对TPO工程进行升级改造。长北TPO改造主要依据是壳牌的DEP标准和多年生产经验,经过专家对工艺流程进行HAZOP(风险和可操作性)、HAZID(风险辨识)、FEA(火灾和爆炸分析)、IPF(仪表保护功能)等专题分析、研究确定了设计方案。主要改造内容体现在健康、安全和环境(HSE)及可操作性方面。特别是在安全方面,处处体现以人为本的理念。在全社会倡导HSE的局势下,给气田地面工程的传统设计提供了示范,在满足工艺要求的同时,坚持保护环境、以人为本的理念。在保证经济效益的同时又有很好的社会效益。长北TPO设计的先进技术及理念得到了股份公司大力借鉴。图7-1至图7-6为长北试生产项目工程的相关记录图片。

图7-1 天然气脱水橇

图7-2 健康改造

图7-3 红外线火灾探测仪

图7-4 甲醇罐氮气密封系统

图7-5 自控阀氮气气动系统

图7-6 地埋式污水处理装置

二、主要工艺技术

长北气田试生产运行（TPO）地面集输工艺升级研究关键技术就是对地面工艺技术进行HAZOP、HAZID、FEA、IPF研究，分析工程在施工、运行、维修等过程中存在的风险及概率和后果，并根据相同工程经验制定工艺升级措施。主要创新点如下。

（1）井口、井下增加紧急切断阀地面安全阀和地面控制井下安全阀和控制系统，增加了气井生产时油管、地面采气管线破裂发生次生事故，减少了天然气对环境的影响。

（2）井口注醇管线增加止回阀，避免了注醇管线破裂时天然气泄漏。

（3）在集气站，单井高压采气管道进站增加自动高低压紧急切断阀，当站内发生超压、火灾等紧急情况时能够快速、自动切断，大大提高了站场安全运行。

（4）天然气水套加热炉燃料气系统增加熄灭双重保护，提高了加热炉的安全运行可靠性。

（5）分离器等液体储罐增加低液位检测和紧急切断，防止排液时天然气泄漏；同时设置液位高报警，防止液位过高无法进行有效的分离。

（6）燃料气系统由一级调压改为二级调压，避免了大压差产生大温降，保证了系统冬季安全运行；发电机房、热水炉中压燃气改为低压燃气，降低危险等级。

（7）污水罐、脱水橇就地排放的闪蒸气体，改造引去火炬焚烧，避免了闪蒸天然气直接排入大气，保护了环境，也提高了站场值班员工生活环境。

（8）对站内火灾和气体探测系统进行升级，采用红外线检测仪对火灾进行监测，并与站控联锁保护，发生事故自动切断气源。

（9）甲醇储罐增加氮气密封，减少甲醇的挥发，降低环境污染，保护环境。

（10）燃气采暖锅炉与值班、休息室分开，另建独立采暖炉房，厨房燃气改为用电，保障了职工安全，降低了天然气对休息室人员的危险。

（11）放空、排液系统增加放空分液罐，对放空天然气进行气液分离后通过火炬燃烧排放；对分离排液进行低压闪蒸后，液体排入污水罐，气体排至火炬，避免了火炬出现火雨，污染大气和土壤，降低天然气放空和排液对环境的影响。

（12）甲醇罐区增加防溢围堰，防止甲醇泄漏后的到处溢流。

（13）将气井井口原预制板井口房改为金属网活动井口房，以利通风，减少因油气聚集对操作人员造成伤害和发生爆炸事故危险。

（14）气井增加压井管线，在气井废弃时通过此管线注水压井，保证气井废弃后不会对环境造成影响，不会留下安全隐患。

三、设计完成情况

设计时间：2004年12月—2005年6月。

投产时间：2006年11月。

建设规模：7口评价井。

主要设计工程量：4座集气站和16座井场的升级改造。

四、获奖情况

该项目获长庆油田公司科技进步二等奖。

第三节 KAM油田总体开发地面工程

一、项目简介

按照集团公司"突出中亚、做大中东、加强非洲、拓展美洲、推进亚太"的思路，公司首次承担了哈萨克斯坦国"KAM油田总体开发地面工程"设计工作。KAM油田是振华石油公司和中石油合资购买的哈萨克斯坦国油田，其地面工程的设计范围包括油井计量、集油和集气、油气处理、原油外输、注水、采出水处理为主的主体工程及给排水、消防、供电、自动控制、通信、暖通、建筑结构、防腐保温等配套工程。图7-7至图7-9为项目建设的相关记录照片。

图7-7 加热炉设置固定消防

图7-8 锥形罐顶

图 7-9 CPF 集中处理站

二、主要工艺技术

针对 KAM 油田开发方式和管理模式的实际特点，地面工程建设应以整体经济效益为中心，近、远期结合，总体规划布局，系统优化和简化，采用了成熟、可靠、适用的工艺技术，达到了提高水平、降低投资、节约成本、保证油田开发效益的目的。地面工程在现有成功应用的基础上，采用了（1）单管加热集油；（2）油气分离计量；（3）原油三相分离；（4）井站枝状串接；（5）设备橇装集成；（6）气体综合利用；（7）一级除油过滤；（8）单管多井配注等 8 项成熟工艺技术。

三、设计完成情况

设计时间：2010 年 7 月—2011 年 12 月。

投产时间：2012 年 5 月。

建设规模：$100 \times 10^4 t/a$。

主要设计工程量：KAM 油田地面工程主要完成了 N-Konys 的集中处理站扩建、燃气发电机组扩建和站外系统；S-Konys 的接转站扩建、新建注水站、燃气发电机组扩建和站外系统；Bektas 的拉油站改造、新建注水站和站外系统。KAM 油田净化原油外输至库姆科尔管线后进入中—哈原油管道输送回国。

四、获奖情况

该项目获陕西省第十八次优秀工程设计一等奖。

第四节 苏里格南国际合作区块天然气开发和生产项目

一、项目简介

苏里格南国际合作区地处内蒙古自治区乌审旗、鄂托克前旗和陕西省定边县境内，是中国石油与法国道达尔公司共同开发的国际合作区，也是国内首个中国石油作为作业者的国际合作项目。该区块单井控制储量小、稳产期短、非均质性强，是典型的低渗透致密岩性气田。设计过程中，根据区块的地质特征、全丛式井建设、井间+区块接替方式、放压生产等特征，形成了"井下节流、井丛集中注醇，管道不保温，中压集气，井口带液连续计量，车载橇装移动计量分离器测试,常温分离,两次增压,气液分输,集中处理"的全新集输工艺;通过集成创新、优化简化,形成了"中压集气、井口双截断保护、气井移动计量测试"等12项关键技术,有效地降低了地面工程投资,提高了项目的经济效益,整体达到国内先进水平,对类似气田和合作区的开发建设具有重要的借鉴意义。图7-10为集气站布置规划图,图7-11为井口"双截断"保护技术示意图。

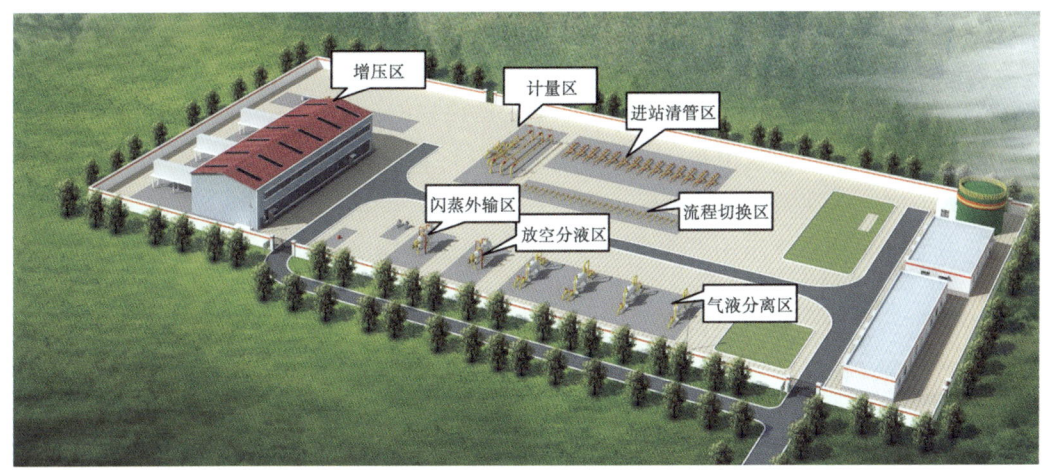

图7-10 集气站布置图

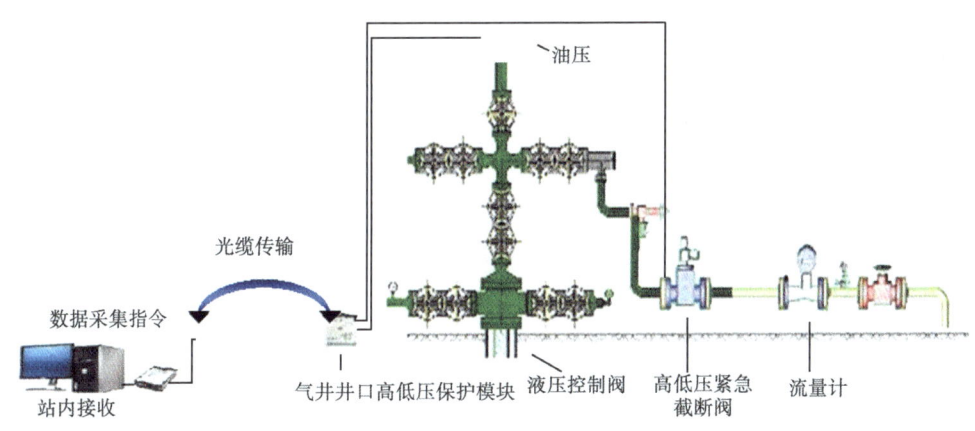

图7-11 井口"双截断"保护技术示意图

二、主要工艺技术

该项目形成了"井下节流+井丛集中注醇"为核心的全新的中压集气工艺技术,采用了"井下节流、井丛集中注醇,管道不保温,中压集气,井口带液连续计量,车载橇装移动计量分离器测试,常温分离,两次增压,气液分输,集中处理"的全新集输工艺,与国内外已开发气田所采用的集气工艺均不相同。该区块为苏里格气田的一部分,主要创新点如下所述。

(1)首创"井下节流+井丛集中注醇"为核心的全新的中压集气工艺技术,投资低、运行管理方便、调整灵活,申请发明专利1项,授权实用新型专利1项,填补国内空白,达到国内先进水平。

（2）创新"大井组、长半径"集气站布局优化简化技术，建站数量减少80%。

（3）首创了形成"两定一集中"井组串接技术，达到国内先进水平。采用该技术具有简化采气管网、方便井丛接入、订货和施工方便、管理点少等诸多优势。

（4）创新形成井口高安全、无泄放的"双截断"保护技术，避免在井丛设置放空系统，降低管理点和投资。

（5）首次采用丛式气井"不停产、密闭、移动"计量测试技术，授权实用新型专利1项，达到国内先进水平。测试后的气、水、油再次接入原流程，实现了气井不关井测试，减少了气体放空量，既保护了环境，又节能降耗，满足精细化管理的要求。

（6）形成超大规模集气站工艺技术，完成苏里格气田最大规模集气站的设计。

（7）优化推广苏里格气田数字化集气站技术，授权实用新型专利2项，实现本区块的集气站无人值守，达到国际先进水平。

（8）在长庆气田首次采用"泵—处理厂"一次增压输水工艺技术，实现采出水的全密闭输送。

（9）首创"湿气交接、干气分配"的特有贸易计量模式，授权发明专利1项，授权实用新型专利1项，打破国际通行的商品气贸易交接的惯例，填补国内空白，达到国际先进水平。

（10）创新形成"三级控制、三处泄放、四级截断"智能安全保护技术，确保了气田的高安全性和高可靠性。

（11）气田首次采用井丛EPON无源光通信技术，井场数据通过光纤传至集气站，提高了井丛数据传输的可靠性，减少站场设备。

（12）创新形成"专用电网+风光互补"相结合的供电技术，提高了的运行的可靠性、降低工程投资、节能减排。

三、设计完成情况

设计时间：2010年4月—2011年10月。

投产时间：2012年9月。

建设规模：$30×10^8m^3/a$。

主要设计工程量：该合作区建产能$30×10^8m^3/a$，2014年投产，稳产至2034年，共计建井2093口（9井式井丛156座，其中77座后期加密至18井），建集气站4座，集气管线119km，采气管线890km，注醇管线440km。

四、获奖情况

该项目获长庆油田公司科技进步二等奖。

第五节　中油阿克纠宾油气股份公司葛北循环注气工程

一、项目简介

让那若尔油田位于哈萨克斯坦共和国阿克纠宾州穆戈贾尔地区，在阿克纠宾市以南240km处。本工程分为集气部分和注气部分，集气部分将7口采气井采出的油气混合物输至集气站汇集后,经过加热节流、油气分别计量后,油气混输至油气处理厂处理。注气部分利用原南区转油站的放空气,通过三级增压后通过注气管线注入 3 口注气井,以达到注气驱油的目的。集气工艺框图如图 7-12 所示,注气工艺框图如图 7-13 所示。

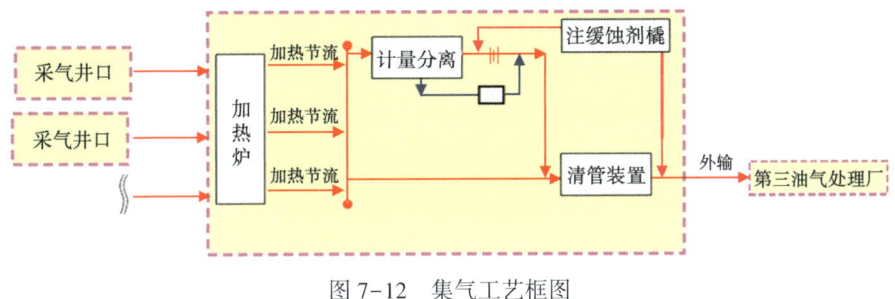

图 7-12 集气工艺框图

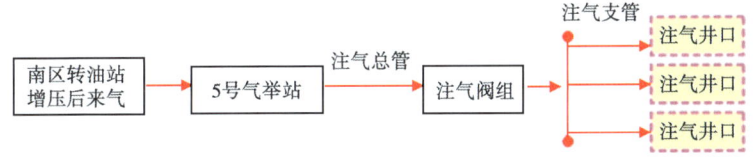

图 7-13 注气工艺框图

二、主要工艺技术

(1)采用"一级加热"技术路线,减少加热设备、管线和管理点;注气气源利用放空气,达到废气利用,节能减排的目的。

集气采用"井口不节流、间歇注醇、高压集气、加热节流、轮换计量、油气混输"的集气工艺,充分利用了井口压力能和温度,管线保温,减少了井口设置加热炉和敷设燃料气管线,减少了管理点,降低投资。

注气采用"废气利用、三级增压、阀组分配、异地注气"的注气工艺。

(2)集气站采用一体化建站技术,缩短施工周期,提高建设水平,方便维护管理。

集气站采用一体化建站技术,所有设备全面橇装化,设置进站橇、加热炉橇、节流总机关橇、分离计量橇、外输计量橇、放空分液橇、燃料气橇和注缓蚀剂橇。

(3)采用各种不同先进软件、针对不同工况进行模拟计算。

①工程井口不加热,管线保温,采用 PIPEPHASE 软件进行模拟计算压力、温度变化;

②集气站内加热节流、分离计量,用 UniSim 软件进行物料衡算;

③集气站外输为油气混输,用 OLGA 软件进行模拟计算。

(4)针对 H_2S 含量高的气质特点,设计时采用了以下技术和措施:

①采用 L245NS、L360NS、L360QS 等抗硫管材并合理控制流速;

②采气管线、外输管线和注气总管均定期注入缓蚀剂;

③设置腐蚀监测装置(包括腐蚀检测探针和腐蚀挂片),定期对腐蚀速率进行监测。

(5)异地注气,气源利用 A 南区块放空气。

A 南区块因为气举站增压能力不足,每天约有 $150×10^4 m^3/d$ 伴生气直接排入放空火炬燃烧,利用这部分气作为注气气源。

①放空气压力为压力低,经过三级增压达到注气压力要求;
②增压后气体通过注气总管输至注气阀组,在分配成 3 路后输往注气井口;
③设置箱式注气阀组,可将注气总管来气经调节、计量后分成 3 路,输往 3 口注气井。注气阀组采用箱式橇装结构,可以实现无人值守、自动运行。

三、设计完成情况

设计时间:2016 年 4 月—2016 年 10 月。

投产时间:2017 年 4 月投产 Ⅰ 期,2017 年 6 月投产 Ⅱ 期。

建设规模:天然气 $5×10^8 m^3/a$,凝析油 $16×10^4 t/a$。

主要设计工程量:集气部分包括采气井场 7 座,新建集气站 1 座、南区分输站改造、第三油气处理厂扩建、采气管线 11.26km,外输管线 5.32km,燃料气管线 2.33km。注气部分包括南区转油站扩建、5 号气举站扩建、注气阀组 1 座、注气井场 3 座,注气总管 15.03km,注气支管 3.55km。

四、获奖情况

该项目获陕西省优秀咨询成果三等奖。

第六节 鄂尔多斯盆地长北区块天然气补充开发项目(长北二期)第一阶段地面工程

一、项目简介

长北区块位于鄂尔多斯盆地、内蒙古和陕西省北部之间的榆林市西侧,区块面积 $1692.5km^2$。1999 年 9 月 23 日中国石油与荷兰皇家壳牌签署了"中华人民共和国鄂尔多斯盆地长北区块天然气开发和生产合同",在 2012 年 7 月,双方签署了"中华人民共和国鄂尔多斯盆地长北区块天然气开发和生产合同的第三次修订协议",合同期从 2027 年延长至 2029 年并包含了补充开发项目(长北二期)。根据长北二期滚动开发天然气资源策略,地面设计策略是充分运用现有长北的中央处理设施和长北一期已建集气管网的剩余处理能力。长北二期南部区域、加密井、西南部区域的产气都将被输送至现有中央处理厂或榆总站进行处理。在区块北部新建 41km 的干线接入已建干线系统,将湿气由北部的集气站输送至现有的干线。长北二期将建设一个经济有效的、非常规资源开发典范项目,也将是鄂尔多斯盆地天然气开发更进一步的里程碑。

二、主要工艺技术

该项目形成了"地面初期节流,井口注醇,单井气液连续计量,气液混输、集气增压站高中压混合集气、集中增压,处理厂集中处理"总体技术路线。图 7-14 为高中压混合生产集气站流程图。

(1)为了适应气田地层压力衰减快,采用大井丛开发集气工艺技术,集气增压站高压/中压混合生产方式,形成一种低渗透气田集输系统及其集输方法,申请为国家发明专利,专利号:ZL 2015 10146411.6。

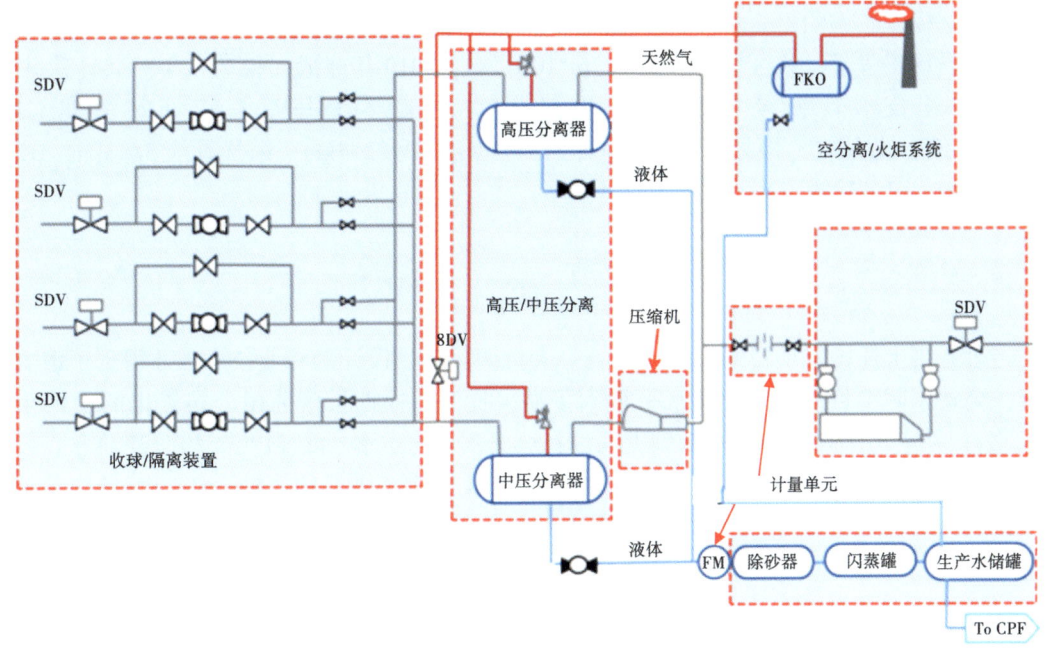

图 7-14　高中压混合生产集气站流程图

（2）根据国外生产经验，设计一种适应压力衰减快气井甲醇接收和储存橇装装置，分别考虑开井工况和正常生产工况注醇，申请为国家发明专利，专利号：ZL201510307749.5。

（3）对整个站场的放空系统进行模拟，对 BDV 操作过程中整个站场的形成低温进行分析，合理设计，保证安全。

（4）钻前设计中钻机基础采用钢管排基础，为整个长北二期钻机基础节省投资近四千万元 申请为国家实用新型专利一项，专利号：ZL 2016 2 0970072.3。

（5）最大化重复利用气田废水，将压裂返排水和气田采出水处理后回用于配制滑溜水压裂液。

（6）通信线路采用多种方式敷设，分别采用与管道同沟敷设铠装光缆与北干线电力线共杆架设全介质自承式光缆（ADSS）相结合的方式敷设通信光缆作为专用通信传输通道。

（7）35kV 变电站全橇装化设计，井场电控一体化集成装置设计。

（8）采出水罐采用氮气密封，防止储罐内部形成可燃气体空间，保证安全。

（9）全阶段进行了 HAZOP 分析，保证本质设计安全。

（10）每个仪表保护回路均进行了 IPF（仪表保护功能）分析，通过定量计算确定安全完整性等级为 SIL1，保证设计本质安全并节省了投资。

（11）井场设置井口控制盘通过液压油系统进行紧急关井。

（12）采用互为冗余的控制器实现过程控制和安全仪表保护功能。火气探测采用多个探测器共同表决的机制，提高了系统可靠性。

三、设计完成情况

设计时间：2015 年 10 月—2017 年 6 月。

投产时间：2019 年 10 月。

建设规模：$23.6 \times 10^8 \mathrm{m}^3/\mathrm{a}$。

主要设计工程量：该区块建产能 $23.6 \times 10^8 \mathrm{m}^3/\mathrm{a}$，2019 年建成，稳产 5 年。共计建井 54 口（5 口双分支水平井，9 口加密井，40 口直井），建集气增压站 1 座，CPF 扩建 1 座，35kV 变电站 1 座，集气干线管线 24.7km，集气支线管线 22.4km，采气管线 38.3km，35kV 线路 15.4km，10kV 线路 53km。

第七节 总 结

经过开展上述国际项目的勘察设计，一大批国际项目设计的专业技术人才得到了锻炼和培养，公司国际项目的设计管理水平得到了显著提升。根据长庆油田公司提出的"四个结合"，公司在立足于长庆油田的基础上面对社会开展业务，包括管道业务和海外业务。公司海外业务将在已有长北和苏南两个国内市场及 KAM 和中油阿克纠宾两个哈国市场的基础上稳步推进，确保承担项目的勘察设计做精做优，不断提升长庆科技设计品牌的海外知名度。